ESTRUTURAS ALGÉBRICAS

inter
saberes

ESTRUTURAS ALGÉBRICAS

Julio Cesar Cochmanski
Liliane Cristina de Camargo Cochmanski

2ª edição

inter saberes

Rua Clara Vendramin, 58 – Mossunguê
CEP 81200-170 – Curitiba – PR – Brasil
Fone: (41) 2106-4170
www.intersaberes.com
editora@intersaberes.com

Conselho editorial
Dr. Alexandre Coutinho Pagliarini
Drª Elena Godoy
Dr. Neri dos Santos
Mª Maria Lúcia Prado Sabatella

Editora-chefe
Lindsay Azambuja

Gerente editorial
Ariadne Nunes Wenger

Assistente editorial
Daniela Viroli Pereira Pinto

Edição de texto
Monique Francis Fagundes Gonçalves

Capa
Guilherme Yukio Watanabe (*design*)
Creatus e Zagory/Shutterstock (imagens)
Charles L. da Silva (adaptação)

Projeto gráfico
Sílvio Gabriel Spannenberg

Adaptação do projeto gráfico
Kátia Priscila Irokawa

Diagramação
Regiane Rosa

Iconografia
Regina Claudia Cruz Prestes

Dados Internacionais de Catalogação na Publicação (CIP)
(Câmara Brasileira do Livro, SP, Brasil)

Cochmanski, Julio Cesar
    Estruturas algébricas / Julio Cesar Cochmanski, Liliane Cristina de Camargo Cochmanski. -- 2. ed. -- Curitiba : Editora Intersaberes, 2023.

    Bibliografia.
    ISBN 978-85-227-0479-8

    1. Álgebra I. Cochmanski, Liliane Cristina de Camargo. II. Título.

23-142705   CDD-512

Índices para catálogo sistemático:
1. Álgebra : Matemática   512

Cibele Maria Dias – Bibliotecária – CRB-8/9427

1ª edição, 2016.
2ª edição, 2023.
Foi feito o depósito legal.

Informamos que é de inteira responsabilidade dos autores a emissão de conceitos.

Nenhuma parte desta publicação poderá ser reproduzida por qualquer meio ou forma sem a prévia autorização da Editora InterSaberes.

A violação dos direitos autorais é crime estabelecido na Lei n. 9.610/1998 e punido pelo art. 184 do Código Penal.

Sumário

7   *Apresentação*

10 *Organização didático-pedagógica*

14 **Capítulo 1 – Anéis, domínios e corpos**
14 1.1 Relembrando a teoria dos conjuntos
18 1.2 Breve histórico da álgebra abstrata
20 1.3 Propriedades básicas da adição e da multiplicação
21 1.4 Estrutura algébrica
23 1.5 Anel em álgebra: definição e propriedades básicas
27 1.6 Subanéis: definição e exemplos
31 1.7 Princípio da Boa Ordenação, conjunto bem ordenado e domínio de integridade
33 1.8 Corpos: definição e exemplos

40 **Capítulo 2 – Características dos anéis e homomorfismos**
40 2.1 Operações com anéis
46 2.2 Principais ideais
47 2.3 Ideais do anel comutativo, ideais primos e ideais maximais
49 2.4 Anéis quocientes, anel euclidiano e domínio de ideais principais
53 2.5 Fatoração de anéis e máximo divisor comum (MDC)
56 2.6 Homomorfismo e isomorfismo de anéis

68 **Capítulo 3 – Anéis de polinômios**
68 3.1 História dos polinômios
70 3.2 Anéis de polinômios: definição
71 3.3 Operações com anéis de polinômios
73 3.4 Igualdade de anéis de polinômios
75 3.5 Propriedades dos anéis de polinômios
79 3.6 Divisão de anéis de polinômios
86 3.7 Raízes de anéis de polinômios
90 3.8 Polinômios irredutíveis

- 95 *Considerações finais*
- 96 *Lista de símbolos utilizados nesta obra*
- 97 *Referências*
- 101 *Bibliografia comentada*
- 103 *Respostas*
- 113 *Sobre os autores*

Apresentação

Este livro foi elaborado especialmente para você. Nosso objetivo é que seu aprendizado sobre estruturas algébricas seja dinâmico e descomplicado. Para tanto, iniciaremos nosso estudo apresentando a origem da álgebra e sua importância no momento em que foi necessário acrescentar ao conhecimento matemático os conceitos relativos à abstração e à generalização.

Sabe-se que as civilizações primitivas utilizavam elementos físicos, como os dedos das mãos e dos pés, pedras e pedaços de madeira, para representar quantidades de animais e de plantas e o que mais fosse necessário contar. Com o tempo, esses elementos se tornaram insuficientes para solucionar algumas situações do dia a dia. Assim, no Egito e na Babilônia, por volta de 1700 a.C., surgiram maneiras abstratas de demonstrar quantidades, as quais deram origem aos números (Boyer, 1974).

O termo *álgebra* originou-se da expressão árabe *al-jabr*, cujo significado pode ser interpretado como "redução" ou "equilíbrio". Essa palavra aparece no título do livro *Al-jabr wa'l muqabalah*, escrito pelo astrônomo e matemático **Al-Khwarizmi**, o "pai da álgebra", que viveu no século IX e encontrou novas maneiras de resolver problemas matemáticos. No entanto, a álgebra só foi utilizada mais tarde, do século XII ao XVI, no ensino de Matemática nas universidades europeias (Baumgart, 1992).

Nesse sentido, a álgebra é considerada o ramo da Matemática que utiliza letras e/ou símbolos para representar os números desconhecidos, ou **incógnitas**, em uma equação. Durante sua resolução, é possível descobrirmos os valores com maior clareza e, com a finalização do exercício, essa incógnita é conhecida. No entanto, existem casos em que a incógnita encontrada é uma letra ou um símbolo.

Esse entendimento torna-se mais difícil pela falta de compreensão dos conceitos envolvidos – é comum encontrarmos estudantes que acham impossível aprendê-los e compreendê-los. Por outro lado, devemos ter em mente que o valor da incógnita será diferente em cada exercício e que as regras estabelecidas pelo sistema algébrico para representar as equações, as operações matemáticas e os conceitos só são possíveis em razão da aplicação de letras e símbolos para a representação das incógnitas.

Atualmente, a álgebra é utilizada na física, na química, na medicina, na estética, nas engenharias e em várias outras ciências e seu principal objetivo é nos capacitar, para que sejamos capazes de aplicar os conhecimentos adquiridos por meio de suas propriedades, axiomas, definições e exemplos em situações práticas do cotidiano, além de resolver e criar problemas.

Nesse contexto, este livro, que diz respeito à **álgebra abstrata**, organiza-se em três capítulos. O **primeiro** dedica-se aos anéis, domínios e corpos e apresenta também um estudo sobre a teoria dos conjuntos, que fará parte dos exercícios, além de explorar situações matemáticas, relacionando-as ao estudo da álgebra. O **segundo capítulo** aborda as características dos anéis e dos homomorfismos, e o **terceiro**, os anéis de polinômios.

Ao final da obra, indicamos uma lista com todos os símbolos utilizados neste material, a fim de facilitar seu entendimento. Disponibilizamos ainda uma seção dedicada à explanação de três obras consideradas referências para o estudo da álgebra, caso deseje aprofundar seus conhecimentos.

Você encontrará desafios no decorrer das atividades deste livro. Quando isso ocorrer, enfrente-os, pois certamente vai superá-los. Isso lhe proporcionará enorme satisfação.

Bons estudos!

Organização didático-pedagógica

Esta seção tem a finalidade de apresentar os recursos de aprendizagem utilizados no decorrer da obra, de modo a evidenciar os aspectos didático-pedagógicos que nortearam o planejamento do material e como o aluno/leitor pode tirar o melhor proveito dos conteúdos para seu aprendizado.

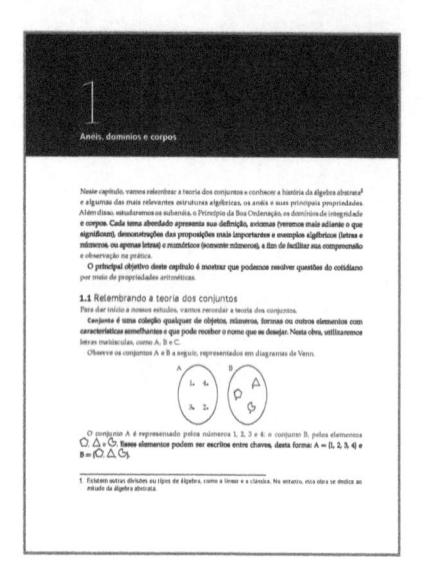

Introdução ao capítulo
Logo na abertura do capítulo, você é informado a respeito dos conteúdos que nele serão abordados, bem como dos objetivos que os autores pretendem alcançar.

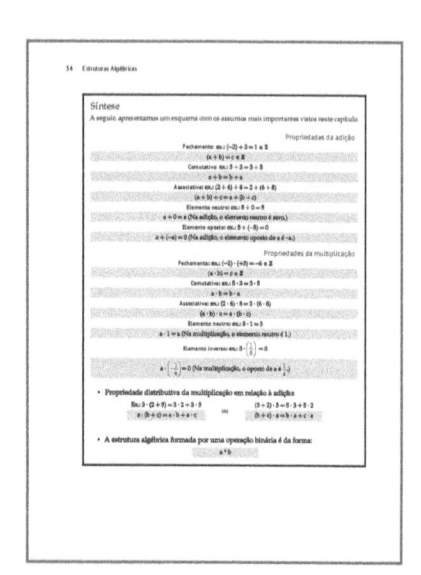

Síntese
Você dispõe, ao final do capítulo, de uma síntese dos principais conceitos nele abordados.

Atividades de autoavaliação
Com estas questões objetivas, você tem a oportunidade de verificar o grau de assimilação dos conceitos examinados, motivando-se a progredir em seus estudos e a se preparar para outras atividades avaliativas.

Atividades de aprendizagem
Aqui você dispõe de questões cujo objetivo é levá-lo a analisar criticamente determinado assunto e aproximar conhecimentos teóricos e práticos.

Bibliografia comentada

Nesta seção, você encontra comentários acerca de algumas obras de referência para o estudo dos temas examinados.

1

Anéis, domínios e corpos

Neste capítulo, vamos relembrar a teoria dos conjuntos e conhecer a história da álgebra abstrata[1] e algumas das mais relevantes estruturas algébricas, os anéis e suas principais propriedades. Além disso, estudaremos os subanéis, o Princípio da Boa Ordenação, os domínios de integridade e corpos. Cada tema abordado apresenta sua definição, axiomas (veremos mais adiante o que significam), demonstrações das proposições mais importantes e exemplos algébricos (letras e números, ou apenas letras) e numéricos (somente números), a fim de facilitar sua compreensão e observação na prática.

O principal objetivo deste capítulo é mostrar que podemos resolver questões do cotidiano por meio de propriedades aritméticas.

1.1 Relembrando a teoria dos conjuntos

Para dar início a nossos estudos, vamos recordar a teoria dos conjuntos.

Conjunto é uma coleção qualquer de objetos, números, formas ou outros elementos com características semelhantes e que pode receber o nome que se desejar. Nesta obra, utilizaremos letras maiúsculas, como A, B e C.

Observe os conjuntos A e B a seguir, representados em diagramas de Venn.

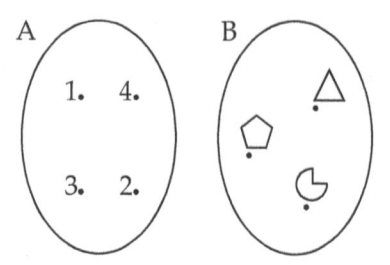

O conjunto A é representado pelos números 1, 2, 3 e 4; o conjunto B, pelos elementos ⌂, △ e ☺. Esses elementos podem ser escritos entre chaves, desta forma: A = {1, 2, 3, 4} e B = {⌂, △, ☺}.

---

[1] Existem outras divisões ou tipos de álgebra, como a linear e a clássica. No entanto, esta obra se dedica ao estudo da álgebra abstrata.

Existem os conjuntos **unitários**, que são representados por um único elemento, como o conjunto da capital do Brasil, ou seja, D = {Brasília}, e os conjuntos **vazios**, indicados por ∅ ou { }, como o conjunto das capitais dos estados brasileiros banhadas pelo Oceano Índico: E = ∅ ou E = { }.

1.1.1 Conjuntos numéricos

Nos conjuntos numéricos, os elementos são apenas números. No entanto, é importante conhecer cada um deles, pois vamos utilizá-los no decorrer de nosso estudo.

1.1.1.1 Conjunto dos números naturais

O conjunto dos números naturais, denotado por $\mathbb{N}$, é definido por

$$\mathbb{N} = \{0, 1, 2, 3, ...\}.$$

Se excluirmos o 0 (zero), teremos o conjunto dos números naturais não nulos, representado por

$$\mathbb{N}^* = \{1, 2, 3, ...\}.$$

1.1.1.2 Conjunto dos números inteiros

Representado pelo símbolo $\mathbb{Z}$, o conjunto dos números inteiros é definido por

$$\mathbb{Z} = \{..., -3, -2, -1, 0, 1, 2, 3, ...\}.$$

Há, ainda, os seguintes subconjuntos de $\mathbb{Z}$:

- conjunto dos inteiros não negativos: $\mathbb{Z}_+ = \{0, 1, 2, 3, 4, 5, ...\}$;
- conjunto dos inteiros não positivos: $\mathbb{Z}_- = \{0, -1, -2, -3, -4, ...\}$;
- conjunto dos inteiros não nulos: $\mathbb{Z}^* = \{..., -3, -2, -1, 1, 2, 3, ...\}$;
- conjunto dos inteiros não negativos e não nulos: $\mathbb{Z}_+^* = \{1, 2, 3, 4, 5, ...\}$;
- conjunto dos inteiros não positivos e não nulos: $\mathbb{Z}_-^* = \{-1, -2, -3, -4, ...\}$.

Logo, podemos dizer que $\mathbb{N} \subset \mathbb{Z}$ (lê-se "o conjunto dos números naturais é subconjunto do conjunto dos números inteiros"), o que significa que todos os elementos (números) do conjunto $\mathbb{N}$ pertencem ao conjunto $\mathbb{Z}$. Isso pode ser representado das seguintes formas:

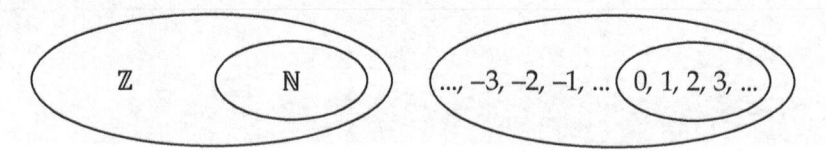

1.1.1.3 Conjunto dos números racionais

Todo número racional, cujo conjunto utiliza a letra $\mathbb{Q}$ como símbolo, pode ser representado na forma fracionária, isto é, $\dfrac{a}{b}$, em que $a \in \mathbb{Z}$ (lê-se "a pertence a $\mathbb{Z}$") e $b \in \mathbb{Z}$ (lê-se "b pertence a $\mathbb{Z}$"), com $b \neq$ (diferente) 0.

> As letras **a** e **b** podem assumir quaisquer valores. Nesse caso, devem pertencer ao conjunto dos números inteiros ($\mathbb{Z}$), e o valor escolhido para a letra **b** deve ser diferente de 0.

Por exemplo, se $a = 2$ e $b = 3$, logo $\dfrac{a}{b} = \dfrac{2}{3} = 0{,}6666...$, ou, se $a = -3$ e $b = 2$, logo $\dfrac{a}{b} = -\dfrac{3}{2} = -1{,}5$. Nos dois exemplos, os valores de $a \in \mathbb{Z}$ e $b \in \mathbb{Z}$, em que $b \neq 0$.

Sendo assim, dizemos que $\mathbb{N} \subset \mathbb{Z} \subset \mathbb{Q}$, como mostram os diagramas a seguir.

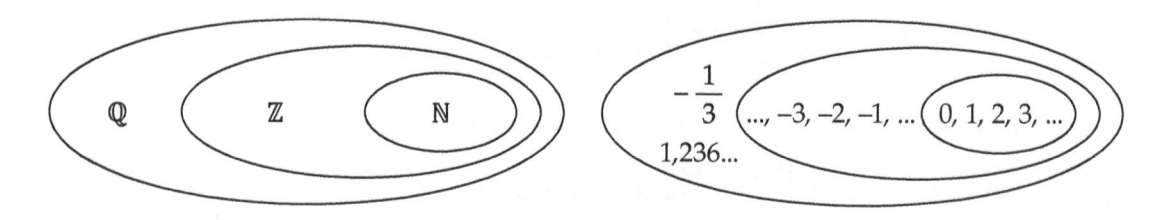

1.1.1.4 Conjunto dos números irracionais

O conjunto dos números irracionais, geralmente denotado pelo símbolo $\mathbb{I}$, é definido como $\mathbb{I} = \mathbb{R} - \mathbb{Q}$, isto é, são os números reais que não podem ser representados por uma fração. O π (pi), cujo valor é $3{,}14159265...$, por exemplo, é um número irracional, assim como $\sqrt{2} = 1{,}4142135...$

1.1.1.5 Conjunto dos números reais

O conjunto dos números reais, representado pela letra $\mathbb{R}$, é composto de todo número irracional e racional, ou seja, é a união de todos os conjuntos numéricos.

Observe os diagramas a seguir.

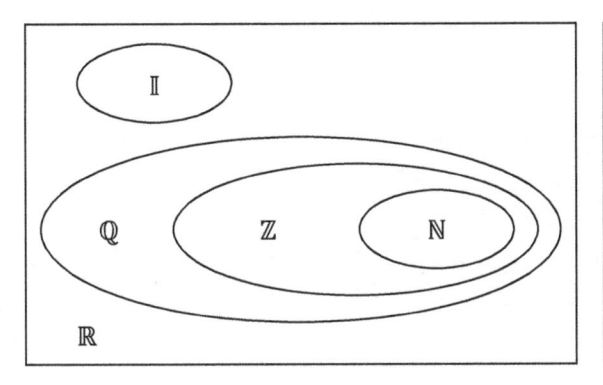

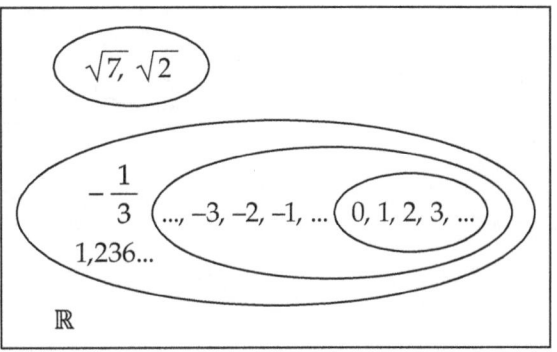

Assim, $\mathbb{N} \subset \mathbb{Z} \subset \mathbb{Q} \subset \mathbb{R}$ e $\mathbb{I} \subset \mathbb{R}$.

Também podemos utilizar a reta numérica (ou reta real) para representar o conjunto dos números reais ($\mathbb{R}$):

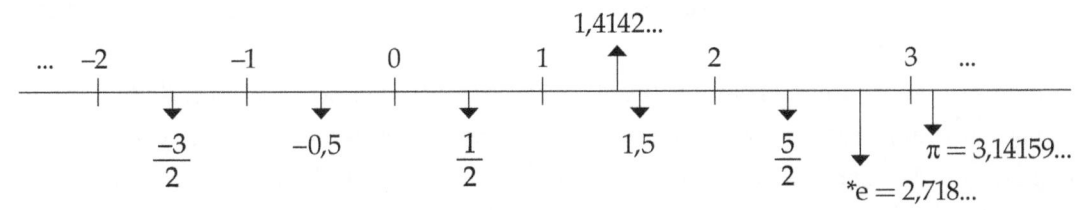

*"$e = 2{,}718\ldots$" é conhecido como *número de Euler*.

1.1.1.6 Conjunto dos números complexos

O conjunto dos números complexos, denotado por $\mathbb{C}$, surgiu com base no estudo das equações de terceiro grau. Alguns matemáticos, em especial Leonhard Euler, resolveram raízes quadradas de números não positivos a partir da convenção $i^2 = -1$, em que i é chamada **unidade imaginária**. Assim, os números complexos são caracterizados pela forma $a + bi$, em que $a, b \in \mathbb{R}$ e i é a unidade imaginária.

Pela propriedade da radiciação, temos:

$$\sqrt{a \cdot b} = \sqrt{a} \cdot \sqrt{b} \text{ se, e somente se, } a, b \geq 0.$$

Vejamos o seguinte exemplo de raiz quadrada negativa, no qual usaremos o conjunto dos números complexos:

$\sqrt{-9} \rightarrow \sqrt{-1 \cdot 9} \rightarrow \sqrt{-1 \cdot 9} \rightarrow \sqrt{-1 \cdot 3^2} \rightarrow \sqrt{-1} \cdot \sqrt{3^2}$

$\sqrt{-1} = i$

$\sqrt{3^2} = 3$

Logo:

$\sqrt{-9} = 3i$

Para finalizar, apresentamos, no diagrama de Venn a seguir, o conjunto dos números complexos, que abrange todos os demais conjuntos vistos até o momento.

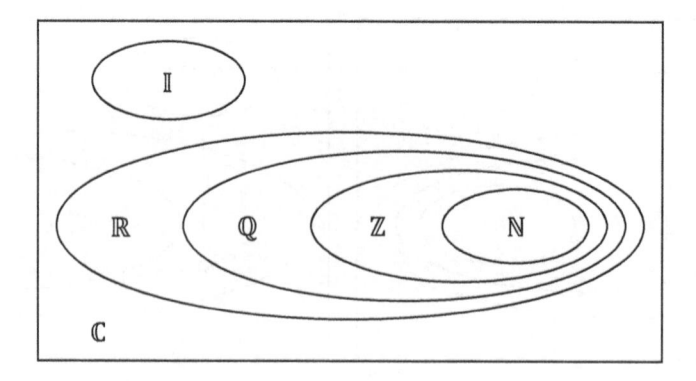

1.2 Breve histórico da álgebra abstrata

Em álgebra abstrata, a estrutura algébrica consiste num conjunto associado, com o intuito de satisfazer os axiomas. São necessárias uma ou mais operações (de adição ou multiplicação) sobre esse conjunto.

O matemático britânico **Arthur Cayley** (1821-1895) tinha uma notável habilidade para as formulações abstratas: ele conseguia generalizar os conceitos matemáticos e perceber as generalidades por trás de exemplos particulares, o que o tornou capaz de formular, por volta de 1845, o conceito de **grupo abstrato**, que diz respeito a permutações. Passou os 15 anos seguintes trabalhando como advogado, mas sem deixar a matemática de lado — nesse período, escreveu mais de 200 artigos científicos sobre esta área.

Como exemplo, pegaremos o cubo de Rubik, mais conhecido como cubo mágico (Figura 1.1), em que as permutações fazem parte da estrutura de grupo e, consequentemente, do conceito fundamental da estrutura algébrica.

Figura 1.1 – Cubo mágico

Em 1903, o matemático norte-americano **Leonard Eugene Dickson** (1874-1954) apresentou um grande avanço no estudo da álgebra abstrata, sendo um dos responsáveis por pesquisas no campo da teoria de corpos finitos e grupos. Além disso, é lembrado na história da teoria dos números.

No início dos estudos matemáticos, não havia esses sistemas hipercomplexos, as generalizações e demonstrações dos conceitos como conhecemos hoje, representadas por exemplos abstratos, os quais chamamos de *álgebras lineares associativas*. Sendo assim, Dickson partia de conceitos e elementos básicos, definindo a soma de forma natural e o produto distributivamente, fundamentando-se na multiplicação de elementos da base.

Foi o matemático alemão **David Hilbert** (1862-1943) quem inicialmente introduziu a palavra *anel*, em 1897, ainda no contexto específico da teoria dos números algébricos, para generalizar o termo *anel numérico* (conhecido anteriormente como *teoria dos ideais*), fundamentando-se em obras de outros importantes matemáticos, como **Julius Wilhelm Richard Dedekind** (1831-1916), **Ernst Eduard Kummer** (1810-1893) e **Leopold Kronecker** (1823-1891). Além disso, utilizava-se de uma abordagem mais abstrata para explicar métodos mais concretos e computacionais fundados na análise complexa.

A definição abstrata, com toda sua generalidade, foi dada em 1914 por **Adolf Abraham Halevi Fraenkel** (1891-1965).

Dedekind, discípulo do físico, astrônomo e matemático **Johann Carl Friedrich Gauss** (1777-1855), com base nas ideias de seu mestre sobre os números inteiros, os inteiros de Gauss, fez sua primeira definição formal de corpo e de anel, cujo nome dado por ele foi *ordem*.

A teoria de anéis estuda as estruturas algébricas com duas dessas operações, chamadas de operações binárias, as quais apresentam propriedades similares às dos inteiros. O estudo de anéis teve início a partir do estudo de polinômios e da teoria de inteiros algébricos.

Heinrich Martin Weber (1842-1913), em 1893, iniciou a teoria abstrata de corpos e, pouco tempo depois, em 1903, Dickson e **Edward Vermilye Huntington** (1874-1952) elaboraram cada um sua definição de corpo por meio de conjuntos de postulados.

A álgebra ensinada nos cursos universitários costuma ser de difícil compreensão aos alunos, em virtude de seu caráter abstrato. Geralmente, uma estrutura é definida a partir de axiomas e, em seguida, é apresentada uma sucessão de teoremas, muitas vezes, de entendimento complicado. Entretanto, esses conhecimentos algébricos são fundamentais para o desenvolvimento de certas atividades, as quais envolvem diferentes profissionais, como matemáticos, cientistas e engenheiros.

Muitas foram as contribuições posteriores a essa síntese histórica para o processo de elaboração da álgebra abstrata. Cabe mencionar que ela continua em evolução e podemos usá-la diariamente, sem nem percebermos.

1.3 Propriedades básicas da adição e da multiplicação

Depois desse breve histórico da álgebra, vamos relembrar as propriedades de **adição** e **multiplicação** para o conjunto dos **números reais** ($\mathbb{R}$).

1.3.1 Propriedades da adição

São cinco as propriedades da adição:

1. **Fechamento:** a soma de dois números reais é sempre um número real, isto é, se a, b ∈ $\mathbb{R}$, então a + b ∈ $\mathbb{R}$.
   Por exemplo, (−2) + 3 = 1 ∈ $\mathbb{R}$.
2. **Comutativa:** se a, b ∈ $\mathbb{R}$, então a + b = b + a.
   Por exemplo, 5 + 3 = 3 + 5.
3. **Associativa:** se a, b, c ∈ $\mathbb{R}$, então (a + b) + c = a + (b + c).
   Por exemplo, (2 + 6) + 8 = 2 + (6 + 8).
4. **Elemento neutro:** para todo a ∈ $\mathbb{R}$, temos a + 0 = 0 + a = a. O número real 0 é chamado **elemento neutro**.
   Por exemplo, 5 + 0 = 5.
5. **Elemento oposto ou simétrico:** para todo a ∈ $\mathbb{R}$, existe −a ∈ $\mathbb{R}$, tal que a + (−a) = (−a) + a = 0.
   O elemento −a é chamado elemento oposto ou simétrico de a ∈ $\mathbb{R}$.
   Por exemplo, −5 é o elemento simétrico de 5, pois (−5) + 5 = 5 + (−5) = 0.

1.3.2 Propriedades da multiplicação

As propriedades da multiplicação devem ser enunciadas assim:

1. **Fechamento:** o produto de dois números reais é sempre um número real, isto é, a, b ∈ $\mathbb{R}$, então a · b ∈ $\mathbb{R}$.
   Por exemplo, (−3) · 2 = −6 ∈ $\mathbb{R}$.
2. **Comutativa:** se a, b ∈ $\mathbb{R}$, então a · b = b · a.
   Por exemplo, 5 · 3 = 3 · 5.
3. **Associativa:** se a, b, c ∈ $\mathbb{R}$, então (a · b) · c = a · (b · c).
   Por exemplo, (2 · 6) · 8 = 2 · (6 · 8).
4. **Unidade:** para todo a ∈ $\mathbb{R}$, temos a · 1 = 1 · a = a. O número real 1 é chamado **unidade**.
5. **Elemento inverso:** para todo a ∈ $\mathbb{R}$, a ≠ 0, existe a^{-1} ∈ $\mathbb{R}$, tal que a · a^{-1} = a^{-1} · a = 1.
   O elemento a^{-1} é chamado **inverso** de a ∈ $\mathbb{R}$. O inverso de a ∈ $\mathbb{R}$ é $a^{-1} = \frac{1}{a}$, desde que a ≠ 0.
   Por exemplo, $5 \cdot \left(\frac{1}{5}\right) = 1$.
6. **Distributiva da multiplicação em relação à adição:** se a, b, c ∈ $\mathbb{R}$, então
   a · (b + c) = a · b + a · c e (a + b) · c = a · c + b · c.
   Por exemplo, 3 · (2 + 5) = 3 · 2 + 3 · 5 e (3 + 2) · 5 = 3 · 5 + 2 · 5.

1.4 Estrutura algébrica

Uma **estrutura algébrica** é todo par (A, *), onde A é um conjunto não vazio e * é uma operação interna de A. A operação interna pode ser representada da seguinte maneira:

$$A \times A \to A.$$

Agora, imagine dois elementos quaisquer (a, b) do conjunto A. Em seguida, realize a operação de adição ou multiplicação, representada pelo símbolo *. Como resultado, você terá outro elemento, o c.

$$(a, b) \mapsto c = a * b \text{ (lê-se "a operado com b")}.$$

O produto cartesiano dos conjuntos não vazios A e B é o conjunto formado pelos pares ordenados (a, b), onde a ∈ A e b ∈ B. Denotamos este conjunto assim:

$$A \times B = \{(a, b); a \in A \text{ e } b \in B\}.$$

O par (a, b) determina um ponto no **plano cartesiano**.

O par ordenado (x, y) indica que o valor de x está atribuído à abscissa (eixo x) e o valor de y, à ordenada (eixo y).

Tomemos como exemplo os seguintes conjuntos A e B:

A = {−1, 0, 1} e B = {2, 3}

O produto cartesiano de A por B, representado por A × B, é igual a:

A × B = {(−1, 2); (−1, 3); (0, 2); (0, 3); (1, 2); (1, 3)}

Esta é a representação no plano cartesiano:

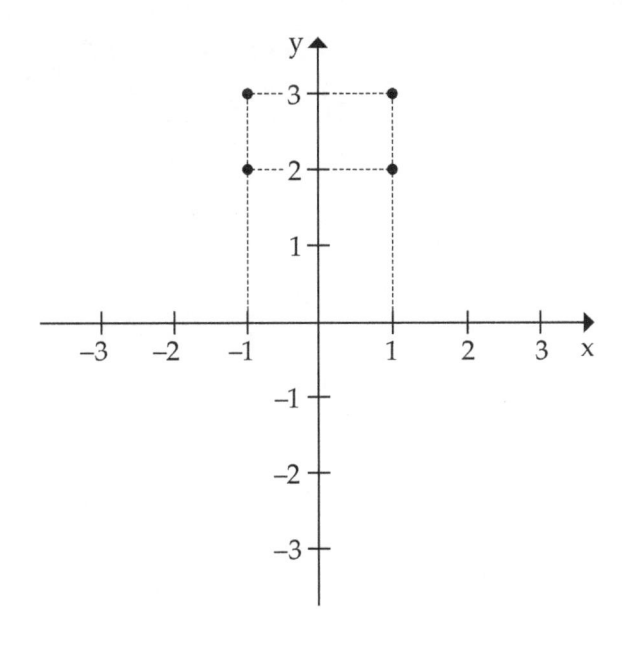

Por definição, temos que A ≠ 0 é uma função de A × A em A, que associa, para cada (x, y) ∈ A × A, um único elemento de A, denotado por x * y. Dessa forma, podemos dizer que A tem uma estrutura algébrica quando, em A, está definida uma operação interna (*). Com isso, temos (A,*).

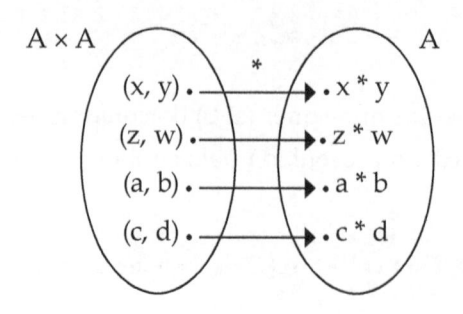

```
A × A                    A
  (x, y) ──→ x * y
  (z, w) ──→ z * w
  (a, b) ──→ a * b
  (c, d) ──→ c * d
```

Com relação à operação interna (*), chamada também de operação binária, podemos afirmar:

a) A operação * é **comutativa** quando, para todos x, y ∈ A, temos:

$$x * y = y * x$$

b) A operação * é **associativa** quando, para todos x, y, z ∈ A, temos:

$$(x * y) * z = x * (y * z)$$

c) A operação * tem **elemento neutro** quando, para todo x ∈ A, existe um elemento e (único). Assim:

$$x * e = e * x = x$$

d) A operação * tem **elemento simétrico** quando, para todo x ∈ A, existe um único elemento $-x$ ou $-\frac{1}{x}$ que satisfaz a igualdade. Assim:

$$x * (-x) = e = (-x) * x \quad \text{ou} \quad x * \left(-\frac{1}{x}\right) = e = \left(-\frac{1}{x}\right) * x$$

Vejamos o exemplo resolvido a seguir.

> **1.** Verifique, por meio de exemplos numéricos, se a equação é comutativa:
>
> x * y = y * x em ℕ
>
> **Resolução:**
>
> a) Vamos substituir x e y pelos valores 1 e 2, respectivamente, para verificar se
> x * y = y * x em ℕ.
>
> Temos, então:
>
> 1 * 2 = 2 * 1
>
> **Resposta:** Nesse caso, é comutativa, pois os valores antes e depois da igualdade são iguais.
>
> b) Vamos substituir x e y pelos valores 2 e 4, respectivamente, para verificar se
> x * y = y * x em ℕ.
>
> Temos, então:
>
> 2 * 4 = 4 * 2
>
> **Resposta:** Pela definição de comutatividade, verificamos que a equação é comutativa, pois 2 operado com 4 é igual a 4 operado com 2.

1.5 Anel em álgebra: definição e propriedades básicas

A estrutura algébrica chama-se *anel* quando o conjunto é não vazio e as propriedades aritméticas estão definidas em operações que satisfazem as propriedades determinadas.

Para explicar o que é um anel, necessitamos de um conjunto qualquer, que aqui será representado inicialmente pela letra A – escolhemos o A por ser a última letra da palavra *anel* e também para que você não confunda com as letras que utilizaremos como elementos (a, b, c). Esse conjunto deverá ser formado por **(A, +, ·)**, em que A é qualquer conjunto não vazio. No entanto, para ser um anel, é preciso existir uma **operação binária**, ou seja, duas operações: a **adição** (+) e a **multiplicação** (·), que devem satisfazer certos axiomas.

> **Axioma (ou postulado):** de acordo com Houaiss e Villar (2009, p. 232), é a "premissa considerada necessariamente evidente e verdadeira, fundamento de uma demonstração, porém ela mesma indemonstrável, originada, segundo a tradição racionalista, de princípios inatos da consciência ou, segundo os empiristas, de generalizações da observação empírica [O princípio aristotélico da contradição ('nada pode ser e não ser simultaneamente') foi considerado desde a Antiguidade um axioma fundamental da filosofia.]".

A estrutura de anel tem por definição propriedades da adição (associatividade, comutatividade, existência do elemento neutro e existência do elemento simétrico), da multiplicação (associatividade) e uma que envolve adição e multiplicação (distributividade da multiplicação em relação à adição). Vamos chamar essas propriedades de axiomas de anel.

Iniciaremos com as propriedades da adição no conjunto (A, +), ou grupo abeliano. Lembre-se de que a, b e c são elementos do conjunto A escolhido e podem representar quaisquer valores.

- **Associatividade da soma:** para todo a, b, c ∈ A (lê-se "para todo a, b e c pertencente ao conjunto A"), temos a + (b + c) = (a + b) + c (a ordem das operações não altera o resultado).

- **Comutatividade da soma:** para todo a, b ∈ A, temos a + b = b + a (a ordem dos termos não altera o resultado).
  OBS.: a, b e c são elementos do conjunto A que escolhemos e podem representar quaisquer valores.

- **Existência do elemento neutro:** para todo b ∈ A, temos b + 0_A = 0_A + b = b.
  0_A = 0 é chamado elemento neutro da adição (termo que, ao entrar na operação, não altera o resultado).

- **Existência do elemento simétrico ou oposto:** para todo b ∈ A, existe (−b) e um elemento em A, indicado genericamente por −b, tal que b + (−b) = (−b) + b = 0_A (para qualquer termo pertencente ao conjunto A, existirá o oposto dele, e o resultado será o termo neutro ou nulo).

O próximo item refere-se à propriedade relativa à multiplicação do conjunto (A, ·).

- **Associatividade da multiplicação:** para todo a, b, c ∈ A, temos a · (b · c) = (a · b) · c.

A última propriedade dos anéis que será apresentada envolve adição e multiplicação, em que (A, +, ·).

- **Distributividade da multiplicação em relação à adição:** para todo a, b, c ∈ A, temos a · (b + c) = a · b + a · c e (a + b) · c = a · c + b · c (a ordem das operações pode ser trocada sem alterar o resultado).

Nesse caso, podemos dizer que o conjunto (A, +, ·) é um **anel**.
Após esse estudo, admitimos a seguinte definição para *anel*:

Definição

Uma estrutura algébrica é um anel quando, dado um conjunto $A = (A, +, \cdot)$, se satisfazem, ao menos, os seguintes axiomas:

- Da adição:
  - associatividade da soma: para todo $x, y, z \in A$, temos $(x + y) + z = x + (y + z)$;
  - comutatividade da soma: para todo x e $y \in A$, temos $x + y = y + x$;
  - existência de um elemento neutro: para todo $x \in A$, temos $x + 0_A = x$;
  - existência de opostos ou simétricos: para todo $x \in A$, existe um elemento em A, indicado genericamente por $-x$, tal que $x + (-x) = 0_A$.

$0_A = 0$, chamado elemento neutro da adição.

- Da multiplicação:
  - associatividade da multiplicação: para todo $x, y, z \in A$, temos $x \cdot (y \cdot z) = (x \cdot y) \cdot z$;
  - distributividade da multiplicação em relação à adição: para todo $x, y, z \in A$, temos $x \cdot (y + z) = xy + xz$ ou $(x + y) \cdot z = xz + yz$.

A seguinte observação é importante:
- Podemos substituir os símbolos de adição (+) e multiplicação (·) por símbolos binários, isto é, (⊕) e (⊙), respectivamente.

Vejamos, agora, alguns exemplos resolvidos.

1. Verifique se o conjunto dos números inteiros ($\mathbb{Z}$) é um anel.

Resolução: Para chegarmos à resposta, temos de satisfazer, primeiramente, os axiomas da **adição** (A):

- (A_1) associatividade: $\forall\, x, y\, z \in \mathbb{Z}$, temos $x + (y + z) = (x + y) + z$;
- (A_2) comutatividade: $\forall\, x, y \in \mathbb{Z}$, temos $x + y = y + x$;
- (A_3) existência do elemento neutro e: $\forall\, x \in \mathbb{Z}$, existe $0 \in \mathbb{Z}$, tal que $x + 0 = 0 + x = x$;
- (A_4) existência do elemento simétrico: dado $x \in \mathbb{Z}$, existe $(-x) \in \mathbb{Z}$, tal que $x + (-x) = (-x) + x = 0$.

Agora, os axiomas da **multiplicação** (M):

- (M_1) associatividade: $\forall\ x, y, z \in \mathbb{Z}$, temos $x \cdot (y \cdot z) = (x \cdot y) \cdot z$;
- (M_2) distributiva da multiplicação em relação à direita: $\forall\ x, y, z \in \mathbb{Z}$, temos $x \cdot (y + z) = x \cdot y + x \cdot z$.
- (M_3) distributiva à esquerda e à direita em relação à adição: para quaisquer $x, y, z \in \mathbb{Z}$, temos $x \cdot (y + z) = x \cdot y + x \cdot z$ ou $(x + y) \cdot z = x \cdot z + y \cdot z$.

Resposta: Após satisfazermos os axiomas, podemos afirmar que o conjunto dos números inteiros ($\mathbb{Z}$) **é um anel**.

2. Dado o conjunto dos números naturais $\mathbb{N} = \{0, 1, 2, 3, ...\}$, verifique se satisfazem os axiomas do anel utilizando exemplos numéricos.

Resolução:
Vamos, primeiramente, satisfazer os axiomas da adição:

- Associatividade: utilizando os números 1, 2 e 3, que pertencem a $\mathbb{N}$, temos:
$1 + (2 + 3) = (1 + 2) + 3$
$1 + 2 + 3 = 1 + 2 + 3$
$6 = 6$

Logo, percebemos que o resultado obtido em ambos os lados é igual.

- Comutatividade: para $1, 2 \in \mathbb{N}$, temos:
$1 + 2 = 2 + 1$
$3 = 3$
Existe igualdade em ambos os lados.

- Existência do elemento neutro: para $1 \in \mathbb{N}$, temos:
$1 + 0 = 0 + 1$ (0 é o elemento neutro)
$1 = 1$
Novamente existe igualdade no resultado.

- Existência do elemento simétrico: dado $1 \in \mathbb{N}$, **não existe** (-1) que pertença a $\mathbb{N}$, tal que satisfaça o axioma dado.

Resposta: Percebemos que o último axioma não obteve igualdade e, assim, não foi possível satisfazer todos os axiomas do anel.

1.5.1 Exemplos importantes de anéis

Estes são alguns dos principais exemplos de anéis utilizados no estudo de estruturas algébricas:

a) **Anéis numéricos**: são os conjuntos que atendem às propriedades das operações binárias (adição e multiplicação): conjunto dos inteiros ($\mathbb{Z}$), conjunto dos racionais ($\mathbb{Q}$), conjunto dos reais ($\mathbb{R}$) e conjunto dos números complexos ($\mathbb{C}$).

b) **Anéis de matrizes**: figuram as matrizes quadradas n × n para qualquer inteiro n > 0, onde **n** inteiro é pertencente a todos os conjuntos. Desse modo, temos uma matriz com n linhas e n colunas, chamada matriz n por n. Assim, temos (Mn(A), +, ·), sendo (A, +, ·) um anel, onde (Mn(A)), matriz do anel, apresenta operações binárias (+ e ·).

c) **Anéis de funções**: seja (A^X, +, ·), em que A^X = {f: X → A}, sendo (A, +, ·), e dadas as funções f, g ∈ A^X, em que se denotam todas as funções de X em A. Vale lembrar que duas funções são iguais quando apresentam a mesma imagem, o mesmo contradomínio e o mesmo domínio para todos os pontos. Sendo assim, podemos dizer que as operações de adição e multiplicação em A^X podem ser definidas por f + g e f · g. Para f, g ∈ A^X, temos:

$$(f + g)(x) = f(x) + g(x)$$
$$(f \cdot g)(x) = f(x) \cdot g(x), \text{ para qualquer } x \in X.$$

d) **Produtos diretos**: dados (A, +, ·) e (B, +, *), anéis quaisquer, nos quais a soma e o produto são definidos por A × B, temos:

$$(a_1, b_1) + (a_2, b_2) = (a_1 + a_2, b_1 + b_2)$$
$$(a_1, b_1) \cdot (a_2, b_2) = (a_1 \cdot a_2, b_1 * b_2)$$

Dessa maneira, o produto definido por A × B constitui o anel (A × B, +, ·), que pode ser chamado de anel do produto direto de A por B.

1.6 Subanéis: definição e exemplos

Os subanéis são subconjuntos de um anel. Por exemplo, $\mathbb{Z}$ é um subconjunto ou subanel do conjunto ou anel $\mathbb{Q}$, e o conjunto $\mathbb{Q}$ é um subconjunto do conjunto $\mathbb{R}$, que é um subconjunto do conjunto $\mathbb{C}$.

Seja (A, +, ·) um anel. Dizemos que um subconjunto não vazio B ⊂ A é um subanel de A se:

- B é fechado para as operações (+, ·) de A;
- (B, +, ·) também é um anel.

Imaginemos um conjunto genérico qualquer A e um subconjunto B. Sejam (A, +, ·) um anel e B um subconjunto não vazio de A. Podemos verificar se B é um subanel de A, ou seja, se B também é um anel. Em caso afirmativo, podemos dizer que B ⊆ A.

Agora, provaremos que um subconjunto B é também um subanel de B em A, em que A é um anel.

Proposição 1:

Dado (A, +, ·), em que A é um anel e B é um subconjunto de A, onde B ≠ ∅, então B é um subanel de A se, e somente se, x − y = x − y = x + (−y) ∈ B e x · y ∈ B, para qualquer x, y ∈ B.

Demonstração:

(→)[2] Seja B um subanel de A, ou seja, B ⊆ A. Por definição, temos que B é um subgrupo do grupo abeliano A. Portanto, (x − y) ∈ B, pois + será uma operação binária em B se x, y ∈ B for uma operação em B.

(←) Por hipótese, se x, y ∈ B, então (x · y) ∈ B. Isso prova que B é um subgrupo do grupo aditivo A. Por outro lado, considera-se que, por hipótese, é fechado para multiplicação:

- se x, y, z ∈ B, então x, y, z ∈ A, portanto x (yz) = (xy) z, o que demonstra a associatividade da multiplicação em B;
- se x, y, z ∈ B, então x, y, z ∈ A, portanto x (y + z) = xy + xz e (x + y) z = zx + zy, o que demonstra que, em B, a multiplicação é distributiva em relação à adição.

Quanto à associatividade e à distributiva em relação à adição em B, temos que também valem em A. Logo, (A, +, ·) é um anel, o que mostra que B é um subanel de A.

Vejamos, a seguir, três exemplos resolvidos.

1. Verifique se o conjunto $\mathbb{Z}(\sqrt{5}) = \{a\sqrt{5} + b; a, b \in \mathbb{Z}\}$ é um subanel de $\{\mathbb{R}, +, \cdot\}$.

   Resolução:
   Por meio da proposição 1, verificaremos se $(x - y)$ e $(x \cdot y) \in \mathbb{Z}(\sqrt{5})$, $\forall\, x, y \in \mathbb{Z}(\sqrt{5})$.
   Assim, temos:
   $x \in \mathbb{Z}(\sqrt{5}) : x = a\sqrt{5} + b;\, a, b \in \mathbb{Z}$
   $y \in \mathbb{Z}(\sqrt{5}) : y = c\sqrt{5} + d;\, c, d \in \mathbb{Z}$

   Substituindo na equação x − y e fazendo a associativa, temos:
   $x - y = (a\sqrt{5} + b) - (c\sqrt{5} + d)$
   $= a\sqrt{5} + b - c\sqrt{5} - d$

   Agrupando os fatores comuns:
   $= a\sqrt{5} - c\sqrt{5} + b - d$

   Colocando em evidência $\sqrt{5}$:
   $= (a - c)\sqrt{5} + (b - d)$

---

[2] Em algumas proposições, são provadas tanto a ida quanto a volta. Nesse caso, estamos provando a ida (→). Quando a volta é provada, utilizamos "←".

Como a, c, b, –d ∈ $\mathbb{Z}$, então (x – y) ∈ $\mathbb{Z}(\sqrt{5})$.

Substituindo na equação x · y e fazendo a distributiva, temos:

$x \cdot y = (a\sqrt{5} + b) \cdot (c\sqrt{5} + d)$
$= a\sqrt{5} \cdot c\sqrt{5} + a\sqrt{5} \cdot d + c\sqrt{5} \cdot b + b \cdot d$
$= a\sqrt{5} \cdot c\sqrt{5} + (ad + cb)\sqrt{5} + b \cdot d$
$\sqrt{5} \cdot \sqrt{5} = \sqrt{25} = 5$, então, temos:
$= 5ac + (ad + cb)\sqrt{5} + bd$
$= (5ac + bd) + (ad + cb)\sqrt{5}$

Resposta: Se b ∈ $\mathbb{Z}$, (5ac + bd) e (ad + cb) são números inteiros ∈ $\mathbb{Z}$, portanto x · y ∈ $\mathbb{Z}(\sqrt{5})$. Logo, com base na proposição 1, $\mathbb{Z}(\sqrt{5})$ **é um subanel** do anel {$\mathbb{R}$, +, ·}.

2. Verifique se o conjunto B = {0, 2, 7} é um subanel do anel {$\mathbb{Z}_{12}$, +, ·}. Lembrando que o conjunto $\mathbb{Z}_{12}$ = {1, 2, 3, 4, 5, 6, 7, 8, 9, 10, 11, 12}.

   Resolução:
   De acordo com a proposição 1, devemos verificar se (x – y) e x · y ∈ B, ∀ x, y ∈ B.
   Primeiramente, fixaremos um elemento de B, ou seja, verificaremos pela tábua de adição de $\mathbb{Z}_{12}$:
   x – y = 0 – 0 = 0 + 0 = 0 ∈ B
   = 0 – 2 = 0 + 2 = 4 ∉ B

   Resposta: Segundo a tábua de adição, 2 + 2 = 4; esse número não existe no conjunto B. Logo, pela proposição 1, B **não é subanel** de {$\mathbb{Z}_{12}$, +, ·}.

3. Verifique se o conjunto B = {0, 5, 10} é um subanel do anel {$\mathbb{Z}_{15}$, +, ·}. Lembrando que o conjunto $\mathbb{Z}_{15}$ = {1, 2, 3, 4, 5, 6, 7, 8, 9, 10, 11, 12, 13, 14, 15}.

   Resolução:
   Devemos verificar, por meio da proposição 1 dada anteriormente, se todas as propriedades são aceitas (a tabela que aparece mais adiante ajuda a visualizar a resolução deste exercício).
   Substituindo na equação x – y e fazendo a associativa, temos:
   (x – y) para quaisquer x, y ∈ B
   Devemos fixar o primeiro elemento do conjunto B = 0 para x:
   x – y = 0 – 0 = 0 + 0 = 0 ∈ B
   = 0 – 5 = 0 + 10 = 10 ∈ B (o oposto de –5 é +5, então 5 + 5 = 10)
   = 0 – 10 = 0 + 5 = 5 ∈ B (o oposto de –10 é +10, 10 + 10 = 20,
   que, dividido por 15, tem resto 5)

Agora, vamos fixar o segundo elemento do conjunto B = 5 para x:

x − y = 5 − 0 = 5 + 0 = 5 ∈ B

$\qquad$ = 5 − 5 = 5 + 10 = 0 ∈ B (o oposto de −5 é +5, então usamos a tábua de adição)

$\qquad$ = 5 − 10 = 5 + 5 = 10 ∈ B

E fixar o segundo elemento do conjunto B = 10 para x:

x − y = 10 − 0 = 10 + 0 = 10 ∈ B

$\qquad$ = 10 − 5 = 10 + 10 = 5 ∈ B (o oposto de −5 é +5, então usamos a tábua de adição)

$\qquad$ = 10 − 10 = 10 + 5 = 0 ∈ B

Pela adição de $\mathbb{R}_{15}$, temos:

+	1	2	3	4	5	6	7	8	9	10	11	12	13	14	15
1	2	3	4	5	6	7	8	9	10	11	12	13	14	0	1
2	3	4	5	6	7	8	9	10	11	12	13	14	0	1	2
3	4	5	6	7	8	9	10	11	12	13	14	0	1	2	3
4	5	6	7	8	9	10	11	12	13	14	0	1	2	3	4
5	6	7	8	9	10	11	12	13	14	0	1	2	3	4	5
6	7	8	9	10	11	12	13	14	0	1	2	3	4	5	6
7	8	9	10	11	12	13	14	0	1	2	3	4	5	6	7
8	9	10	11	12	13	14	0	1	2	3	4	5	6	7	8
9	10	11	12	13	14	0	1	2	3	4	5	6	7	8	9
10	11	12	13	14	0	1	2	3	4	5	6	7	8	9	10
11	12	13	14	0	1	2	3	4	5	6	7	8	9	10	11
12	13	14	0	1	2	3	4	5	6	7	8	9	10	11	12
13	14	0	1	2	3	4	5	6	7	8	9	10	11	12	13
14	0	1	2	3	4	5	6	7	8	9	10	11	12	13	14
15	1	2	3	4	5	6	7	8	9	10	11	12	13	14	15

Portanto, a primeira condição de anel foi satisfeita, logo (x − y) ∈ B = {0, 5, 10}.

Na segunda parte desta resolução, temos de substituir na equação x · y. Fazendo a distributiva, temos:

x · y ∈ B, ∀ x, y ∈ B

Vamos fixar 0 para x:

x · y = 0 · 0 = 0 ∈ B

$\qquad$ = 0 · 5 = 0 ∈ B

$\qquad$ = 0 · 10 = 0 ∈ B

Agora, vamos fixar 5 para x:

x · y = 5 · 0 = 0 ∈ B

$\qquad$ = 5 · 5 = 10 ∈ B

$\qquad$ = 5 · 10 = 5 ∈ B

Por fim, vamos fixar 10 para x:

$x \cdot y = 10 \cdot 0 = 0 \in B$
$ = 10 \cdot 5 = 5 \in B$
$ = 10 \cdot 10 = 10 \in B$

Pela multiplicação de $\mathbb{R}_{15}$, temos:

·	1	2	3	4	5	6	7	8	9	10	11	12	13	14	15
1	1	2	3	4	5	6	7	8	9	10	11	12	13	14	0
2	2	4	6	8	10	12	14	1	3	5	7	9	11	13	0
3	3	6	9	12	0	3	6	9	12	0	3	6	9	12	0
4	4	8	12	1	5	9	13	2	6	10	14	3	7	11	0
5	5	10	0	5	10	0	5	10	0	5	10	0	5	10	0
6	6	12	3	9	0	6	12	3	9	0	6	9	3	9	0
7	7	14	6	13	5	12	14	11	3	10	2	12	1	8	0
8	8	1	9	2	10	3	11	4	12	5	13	6	14	7	0
9	9	3	12	6	0	9	3	12	6	0	9	3	12	6	0
10	10	5	0	10	5	0	10	5	0	10	5	0	10	5	0
11	11	7	3	14	10	6	2	13	9	5	1	9	8	4	0
12	12	9	6	3	0	12	9	6	3	0	12	12	6	3	0
13	13	11	9	7	5	3	1	14	12	10	8	6	3	2	0
14	14	13	12	11	10	9	8	7	6	5	4	3	2	1	0
15	0	0	0	0	0	0	0	0	0	0	0	0	0	0	0

Resposta: Logo, podemos concluir, com base na proposição 1, que B é subanel do anel $\{\mathbb{R}_{15}, +, \cdot\}$.

1.7 Princípio da Boa Ordenação, conjunto bem ordenado e domínio de integridade

Neste tópico, vamos dar sequência a nosso estudo sobre anéis. Inicialmente, apresentaremos o Princípio da Boa Ordenação, para o qual todo subconjunto tem um elemento mínimo. Depois, veremos que, para ser bem ordenado, o conjunto necessita apresentar um primeiro elemento. Por fim, estudaremos o domínio de integridade, segundo o qual o conjunto ou o anel analisado precisa ser comutativo, unitário e sem divisores de 0 (zero).

No que diz respeito ao subconjunto, podemos dizer que o subconjunto B, por exemplo, tem um menor elemento, em que um elemento x é menor do que qualquer outro elemento desse conjunto, ou, matematicamente falando:

$$\exists\, x \in B, \text{ tal que } \forall\, y \in B \to y \geq x$$

De forma similar, dizemos que B tem um maior elemento se esse conjunto apresenta um elemento x' que seja maior do que qualquer outro elemento seu, isto é:

$$\exists\, x' \in B, \text{ tal que } \forall\, y \in B \rightarrow y \leq x'$$

Logo, percebemos que y é o menor elemento do subconjunto B.

1.7.1 Princípio da Boa Ordenação

De forma resumida, dizemos que todo subconjunto dos números naturais tem um elemento mínimo (por exemplo, dado o conjunto $\mathbb{N} = \{1, 2, 3, ...\}$, o elemento mínimo é o número 1). Nesse sentido, um anel A é dito **ordenado** se, e somente se, for definida uma relação binária, também chamada de *relação de ordem*. Simbolizada por ≤, ela é reflexiva, transitiva e antissimétrica e goza das seguintes propriedades:

a) **compatibilidade com a adição**: para quaisquer que sejam a, b, c ∈ A, se a ≤ b, então a + c ≤ b + c;

b) **compatibilidade com a multiplicação**: para quaisquer que sejam a, b, c ∈ A, se a ≤ b e 0 ≤ c, então a · c ≤ b · c.

Em outras palavras, podemos definir o Princípio da Boa Ordenação desta forma: dado B ⊂ ℕ, um subconjunto não vazio do conjunto dos números naturais, então $n_0 \in B$ é o elemento mínimo de B, quando $n_0 \leq n$, ∀ n ∈ B. Se B ⊂ ℕ com 0 ∈ B, então 0 é o elemento mínimo de B. Isso é óbvio, visto que 0 é o menor elemento de ℕ.

1.7.2 Conjunto bem ordenado

Um conjunto não vazio A, ou seja, A ≠ ∅, é dito bem ordenado se, e somente se, todo subconjunto de A tem um primeiro elemento.

Temos como exemplo de conjunto bem ordenado o conjunto dos números naturais (ℕ), que tem um menor elemento, o número 0 (zero). O conjunto dos números inteiros não é um conjunto bem ordenado, porque não tem um menor elemento.

1.7.3 Domínio de integridade

Domínio de integridade, também chamado de *anel de integridade*, ou apenas *domínio*, é um anel comutativo com identidade[3], sem divisores de 0 (zero).

Para que o anel A seja um domínio de integridade, é necessário que seja comutativo, unitário e sem divisores de 0 (zero) e a. Em outras palavras, o anel A será comutativo quando:

---

3 Diz respeito a quando um anel A conta com um elemento neutro para a multiplicação, ou seja, deve existir um **elemento que, ao ser multiplicado por A, não modifica o resultado encontrado.**

> $a \cdot b = b \cdot a, \forall\, a, b \in A$

O anel será unitário quando existir $1_A \cdot a = a \cdot 1_A = a, \forall\, a, b \in A$, ou, simplesmente, 1_A como 1. Nesse caso, também podemos dizer que 1 é o elemento neutro.

O anel é dito sem divisores de 0 (zero) quando:

> $a, b \in A$, se $a \cdot b = 0$, então $a = 0$ ou $b = 0$.

Nesse sentido, podemos dizer que todo domínio é um anel e todo domínio de integridade finito é um corpo.

Observação: para quaisquer que sejam $a, b \in A$, se $a \neq 0$ e $b \neq 0$, entao $a \cdot b \neq 0$.

1.8 Corpos: definição e exemplos

Vamos iniciar, a partir de agora, o estudo sobre os corpos de um anel, aplicar as propriedades da adição e resolver os exercícios propostos.

Um corpo é um anel unitário e comutativo no qual todo elemento diferente de zero tem inverso. Todo corpo é domínio de integridade, logo, se tem o inverso, não é divisor de zero. Os conjuntos numéricos $\mathbb{R}$, $\mathbb{Q}$ e $\mathbb{C}$ são os exemplos mais conhecidos de corpos.

Vejamos a proposição 2 a seguir.

- **Proposição 2**:

    $\mathbb{Z}_n$ é um corpo se, e somente se, n é primo.

> Números **primos** são os números naturais que têm apenas dois divisores diferentes: o número 1 e ele mesmo.

Demonstração:

Se $\mathbb{Z}_n$ é um corpo, então todo elemento a, não nulo, é inversível e, portanto, MDC(a, n) = 1 (MDC, que significa *máximo divisor comum*, será abordado no Capítulo 2 desta obra). Assim, para todo inteiro $\mathbb{Z}_{n'}$ $1 < z < n$. Temos que MDC(z, n) = 1, logo n é primo, pois não existe inteiro $\mathbb{Z}_{n'}$ $1 < z < n$, tal que z/n.

Reciprocamente, suponhamos que **n** seja primo; **a**, um elemento não nulo de $\mathbb{Z}_{n'}$ e **b**, um representante da classe **a**, tal que $1 < b < n$. Como **n** é primo, temos que MDC(b, n) = 1, então **b** é invertível. E como a = b, temos que **a** é invertível e $\mathbb{Z}_n$ é um corpo.

Vejamos o seguinte exemplo:

> **1.** Dado o conjunto $\mathbb{Z}_{11} = \{0, 1, 2, 3, 4, 5, 6, 7, 8, 9, 10\}$, verifique se ele é um corpo.
>
> **Resolução:**
> Com base na proposição 2, temos que $\mathbb{Z}_{11} = \mathbb{Z}_{n'}$ em que 11 = n.
>
> **Resposta:** $\mathbb{Z}_{11}$ é um corpo, pois sabemos que 11 é um número primo.

Síntese

A seguir, apresentamos um esquema com os assuntos mais importantes vistos neste capítulo.

Propriedades da adição

Fechamento: ex.: $(-2) + 3 = 1 \in \mathbb{Z}$

$(a + b) = c \in \mathbb{Z}$

Comutativa: ex.: $5 + 3 = 3 + 5$

$a + b = b + a$

Associativa: ex.: $(2 + 6) + 8 = 2 + (6 + 8)$

$(a + b) + c = a + (b + c)$

Elemento neutro: ex.: $5 + 0 = 5$

$a + 0 = a$ (Na adição, o elemento neutro é zero.)

Elemento oposto: ex.: $5 + (-5) = 0$

$a + (-a) = 0$ (Na adição, o elemento oposto de a é –a.)

Propriedades da multiplicação

Fechamento: ex.: $(-2) \cdot (+3) = -6 \in \mathbb{Z}$

$(a \cdot b) = c \in \mathbb{Z}$

Comutativa: ex.: $5 \cdot 3 = 3 \cdot 5$

$a \cdot b = b \cdot a$

Associativa: ex.: $(2 \cdot 6) \cdot 8 = 2 \cdot (6 \cdot 8)$

$(a \cdot b) \cdot c = a \cdot (b \cdot c)$

Elemento neutro: ex.: $5 \cdot 1 = 5$

$a \cdot 1 = a$ (Na multiplicação, o elemento neutro é 1.)

Elemento inverso: ex.: $5 \cdot \left(\dfrac{1}{5}\right) = 0$

$a \cdot \left(-\dfrac{1}{a}\right) = 0$ (Na multiplicação, o oposto de a é $\dfrac{1}{a}$.)

- Propriedade distributiva da multiplicação em relação à adição:

Ex.: $3 \cdot (2 + 5) = 3 \cdot 2 + 3 \cdot 5$ ou $(3 + 2) \cdot 5 = 5 \cdot 3 + 5 \cdot 2$

$a \cdot (b + c) = a \cdot b + a \cdot c$ $(b + c) \cdot a = b \cdot a + c \cdot a$

- A estrutura algébrica formada por uma operação binária é da forma:

$a * b$

- A operação binária é formada por duas operações, adição (+) e multiplicação (·):

    $(a + b)$ e $(a \cdot b)$

Propriedades da operação binária

Comutativa: $a * b = b * a$
$(a + b = b + a)$ e $(a \cdot b = b \cdot a)$
Associativa: $(a * b) * c$
$a + (b + c) = (a + b) + c$
$a \cdot (b \cdot c) = (a \cdot b) \cdot c$
Elemento neutro: $a * e = e * a = a$
$a + 0 = 0 + a = a$ (Na adição, o elemento neutro é zero.)
$a \cdot 1 = 1 \cdot a = a$ (Na multiplicação, o elemento neutro é 1.)
Elemento simétrico: $a * (-a) = e = (-a) * a$
$a + (-a) = (-a) + a = 0$
$a \cdot a^{-1} = a^{-1} \cdot a = 0$

- **Grupo abeliano**: a operação é associativa, tem elemento neutro e é simétrico à propriedade comutativa.
- **Anel**: é formado por conjunto A não vazio e um par de operações binárias (adição e multiplicação).

Propriedades do anel

Propriedades da adição (grupo abeliano):
Associativa: $a + (b + c) = (a + b) + c$
Comutativa: $a + b = b + a$
Elemento neutro: $a + 0 = a$
Elemento simétrico: $a + (-a) = (-a) + a = 0$
Propriedade da multiplicação:
Associativa: $a \cdot (b \cdot c) = (a \cdot b) \cdot c$
Propriedade da multiplicação em relação à adição:
Distributiva: $a \cdot (b + c) = ab + ac$
$(a + b) \cdot c = ac + bc$

- **Subanéis:** são subconjuntos de um anel, ou seja, B é um subanel que está contido no anel A.

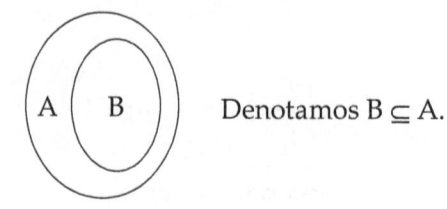

Denotamos $B \subseteq A$.

Seja $(A, +, \cdot)$ um anel. Dizemos que um subconjunto não vazio $B \subset A$ é um subanel de A se:
- B é fechado para as operações $(+, \cdot)$ de A;
- $(B, +, \cdot)$ também é um anel.
- **Proposição para subanel:** sejam A um anel e B um subconjunto, em que $B \neq \emptyset$. Então, B é um subanel de A se, e somente se, $x - y$ e $x \cdot y \in B$, em que $x, y \in B$.
- **Princípio da Boa Ordenação:** significa que todo subconjunto não vazio que seja limitado terá um elemento cujo valor será o mínimo.
- **Domínio de integridade:** para ser domínio, o anel A precisa ser comutativo, unitário e sem divisores de zero.

Domínio de integridade

Comutativo:
$a \cdot b = b \cdot a, \forall a, b \in A$
Unitário:
$1_A \cdot a = a \cdot 1_A = a, \forall a, b \in A$
Sem divisores de zero:
$a, b \in A$ se $a \cdot b = 0$, então $a = 0$ ou $b = 0$

- **Corpo:** é um anel unitário e comutativo em que todo elemento diferente de zero tem inverso.

Propriedades do corpo

Comutativo:
$a \cdot b = b \cdot a, \forall a, b \in A$
Unitário:
$1_A \cdot a = a \cdot 1_A = a, \forall a \in A$
Inversibilidade:
$a \cdot \left(-\dfrac{1}{a}\right) = 0, \forall a \in A$

Observações:
- Todo domínio é anel.
- Todo corpo é um anel.
- Todo domínio de integridade finito é um corpo.

Atividades de autoavaliação

1) Prove que $\mathbb{R}$ é dotado da lei usual de adição e multiplicação, definida pelas incógnitas x, y, z ∈ $\mathbb{R}$, em que $\mathbb{R} \neq \emptyset$ é um anel.

2) Assinale a alternativa que classifica o conjunto de números $\{\frac{2}{5}, \frac{1}{3}, 2\} \in \mathbb{Q}$:
   a. É um grupo abeliano.
   b. É um subanel.
   c. É um corpo.
   d. É um anel.

3) Qual conjunto é subanel do anel $\mathbb{Z}_4$?
   a. $S_1 = \{1, 4\}$.
   b. $S_1 = \{0, 3\}$.
   c. $S_1 = \{0, 2\}$.
   d. $S_1 = \{1, 3\}$.

4) Quais conjuntos são subanéis do anel $\mathbb{Z}_6$?
   a. $S_1 = \{0, 2, 3\}$ e $S_2 = \{1, 5\}$.
   b. $S_1 = \{0, 2, 4\}$ e $S_2 = \{0, 3\}$.
   c. $S_1 = \{0, 2, 3\}$ e $S_2 = \{1, 4\}$.
   d. $S_1 = \{0, 2, 4\}$ e $S_2 = \{1, 3\}$.

5) Observe as seguintes equações:
   - $E_1 = 5 \cdot (2a - b) = 10a + (-5b)$
   - $E_2 = 7a - 4b = -4b + 7a$
   - $E_3 = 3a \cdot (4b \cdot 2c) = (3a \cdot 4b) \cdot 2c$
   - $E_4 = a\sqrt{2} = \sqrt{2}$

   Quais propriedades de adição e multiplicação foram utilizadas nas equações apresentadas?
   a. Distributiva da multiplicação em relação à adição, comutativa da adição, associativa da multiplicação e elemento neutro da multiplicação, respectivamente.
   b. Distributiva da adição em relação à multiplicação, comutativa da adição, associativa da multiplicação e elemento neutro da multiplicação, respectivamente.

c. Distributiva da multiplicação em relação à adição, associativa da multiplicação, comutativa da adição e elemento inverso da multiplicação, respectivamente.

   d. Distributiva da multiplicação em relação à adição, comutativa da adição, associativa da multiplicação e elemento neutro da adição, respectivamente.

6) O conjunto $\mathbb{Z}_7$ é:

   a. somente corpo.

   b. somente domínio de integridade.

   c. corpo e domínio de integridade.

   d. corpo, domínio de integridade, anel comutativo com unidade e anel finito.

Atividades de aprendizagem

Questões para reflexão

1) Em seu cotidiano, onde você aplicaria a teoria dos anéis?

2) A álgebra abstrata é importante na atualidade? Que setores se beneficiam dela?

Atividade aplicada: prática

1) Dada uma quinzena de determinado mês, que será representado aqui pelo conjunto I_{15}, imagine que você terá as seguintes reuniões: a primeira ocorrerá no terceiro dia e a segunda será realizada 5 dias após a primeira. Quando serão as próximas? (Sugestão: utilize as tábuas de adição e multiplicação estudadas neste capítulo.)

2
Características dos anéis e homomorfismos

Neste capítulo, nosso foco serão algumas das operações com anéis, anéis finitos, comutativos, unidade ou identidade, comutativos com unidade, integridade e divisão. Em seguida, apresentaremos os principais ideais, anéis quocientes, anéis euclidianos, fatoração de anéis, máximo divisor comum (MDC) e algoritmo de Euclides, além das diferenças entre homomorfismos e isomorfismos.

O principal objetivo deste capítulo é relacionar as propriedades aritméticas à resolução de questões cotidianas.

2.1 Operações com anéis

A partir de agora, vamos estudar as operações dos anéis, as quais, para serem resolvidas, necessitam da utilização da operação binária, ou seja, da adição e da multiplicação. Na sequência, veremos os principais ideais, que podem ser chamados de *subconjunto especial* de um anel.

2.1.1 Características dos anéis

São duas as definições que expressam as características do anel:

1. Um anel A é o menor inteiro positivo n se, e somente se, n é tal que nx = 0, para qualquer x ∈ A. Caso o elemento n não exista, dizemos que A tem característica 0. Quando um anel tem unidade, o processo de encontrar a característica é simplificado.

2. Um anel A é dito com unidade 1 se, e somente se, n · 1 = 0, em que n é o menor inteiro positivo, tal que n · 1 = 0. Temos que a característica de A é n. Caso não exista um n inteiro positivo, dizemos que n · 1 = 0, então a característica de A é 0.

Desse modo, podemos dizer que, para ser um anel com unidade, é necessário satisfazer as duas propriedades.

2.1.2 Anéis e suas operações

No capítulo anterior, vimos que um conjunto A é dito um anel se, e somente se, é dotado de duas operações binárias – a adição, denotada por (+), e a multiplicação, simbolizada por (·) – e se satisfaz as seguintes propriedades:

- Associatividade da soma:

$$\text{Para todo } x, y, z \in A, \text{ temos: } (x + y) + z = x + (y + z).$$

- Comutatividade da soma:

$$\text{Para todo } x, y \in A, \text{ temos: } x + y = y + x.$$

- Existência de um elemento neutro:

$$\text{Para todo } x \in A, \text{ temos: } x + 0_A = x.$$

$0_A = 0$, chamado elemento neutro da adição.

- Existência de opostos ou simétricos:

$$\text{Para todo } x \in A, \text{ existe um elemento em } A,$$
$$\text{indicado genericamente por } -x, \text{ tal que } x + (-x) = 0_A.$$

- Associatividade da multiplicação:

$$\text{Para todo } x, y, z \in A, \text{ temos: } x \cdot (y \cdot z) = (x \cdot y) \cdot z.$$

- Distributividade da multiplicação em relação à adição:

$$\text{Para todo } x, y, z \in A, \text{ temos: } x \cdot (y + z) = xy + xz \text{ e } (x + y) \cdot z = xz + yz.$$

Com base nas propriedades dos anéis, podemos identificar seus principais tipos e suas operações correspondentes. Acompanhe-nos nas seções a seguir.

2.1.2.1 Anéis finitos

Um anel A finito tem um conjunto finito de elementos, ou seja, o anel A_N é finito e N é um conjunto finito com um número de elementos finitos. Entretanto, as operações binárias (adição e multiplicação) devem satisfazer as propriedades do anel.

Quando trabalhamos com conjuntos numéricos finitos, podemos utilizar as tábuas de adição e multiplicação, a fim de facilitar a visualização dos cálculos.

A tábua de uma operação * é definida para um conjunto finito $A = \{a_1, a_2, ..., a_n\}$. Trata-se de um quadro no qual o resultado da operação $i_{an} * j_{an}$ é inserido em i (linha) e em j (coluna).

De forma natural, podem-se definir uma adição e uma multiplicação em i (linhas) e j (colunas), representadas por i + j, no caso da adição, e i · j, na multiplicação.

Para entendermos a tábua da adição, é necessário somar i + j, ou seja, $i_{a1} + j_{a1} = i_{a1} j_{a1}$. O valor encontrado, nesse caso, $i_{a1} j_{a1}$, é colocado na tábua. Isso deve ser realizado sucessivamente, até somarmos todos os elementos. Em seguida, fazemos o mesmo para a multiplicação i · j, ou seja, $i_{a1} \cdot j_{a1} = i_{a1} j_{a1}$. Os valores encontrados são as respostas da multiplicação de cada linha (i) pela coluna (j).

Quadro 2.1 – Tábua da operação $i_{an} * j_{an}$

*	j_{a1}	j_{a2}	j_{a3}	j_{a4}	j_{a5}	j_{an}
i_{a1}	$i_{a1} * j_{a1}$	$i_{a1} * j_{a2}$	$i_{a1} * j_{a3}$	$i_{a1} * j_{a4}$	$i_{a1} * j_{a5}$	$i_{a1} * j_{an}$
i_{a2}	$i_{a2} * j_{a1}$	$i_{a2} * j_{a2}$	$i_{a2} * j_{a3}$	$i_{a2} * j_{a4}$	$i_{a2} * j_{a5}$	$i_{a2} * j_{an}$
i_{a3}	$i_{a3} * j_{a1}$	$i_{a3} * j_{a2}$	$i_{a3} * j_{a3}$	$i_{a3} * j_{a4}$	$i_{a3} * j_{a5}$	$i_{a3} * j_{an}$
i_{a4}	$i_{a4} * j_{a1}$	$i_{a4} * j_{a2}$	$i_{a4} * j_{a3}$	$i_{a4} * j_{a4}$	$i_{a4} * j_{a5}$	$i_{a4} * j_{an}$
i_{a5}	$i_{a5} * j_{a1}$	$i_{a5} * j_{a2}$	$i_{a5} * j_{a3}$	$i_{a5} * j_{a4}$	$i_{a5} * j_{a5}$	$i_{a5} * j_{an}$
i_{an}	$i_{an} * j_{a1}$	$i_{an} * j_{a2}$	$i_{an} * j_{a3}$	$i_{an} * j_{a4}$	$i_{an} * j_{a5}$	$i_{an} * j_{an}$

Vejamos um exemplo resolvido.

1. Construa as tábuas do anel $\mathbb{Z}_6 = (0, 1, 2, 3, 4, 5)$.

   Resolução:

   Na tábua da adição, somamos a coluna 1 (j_1) com a linha 1 (i_1) e encontramos o resultado.

   Adição em $\mathbb{Z}_6$:

	j_1	j_2	j_3	j_4	j_5	j_6
+	0	1	2	3	4	5
i_1 0	0	1	2	3	4	5
i_2 1	1	2	3	4	5	0
i_3 2	2	3	4	5	0	1
i_4 3	3	4	5	0	1	2
i_5 4	4	5	0	1	2	3
i_6 5	5	0	1	2	3	4

Exemplificando, temos:

$0 + 0 = i_1 + j_1 = 0$

Realizando os cálculos para os outros elementos do anel $\mathbb{Z}_6$, temos:

$i_2 (1) + j_1 (0) = 1$

$i_3 (2) + j_1 (0) = 2$

$i_4 (3) + j_1 (0) = 3$

$i_5 (4) + j_1 (0) = 4$

$i_6 (5) + j_1 (0) = 5$

Devemos realizar os cálculos para todas as demais colunas. Caso o resultado encontrado seja maior que o número do conjunto = 6 (nesse caso, em $\mathbb{Z}_6$, o maior número é 6), precisamos dividir por 6. Assim, colocamos o resto que encontramos como resultado.

Exemplo:

Na coluna 2 e linha 4, o resultado é 6. Então, se dividirmos 6 por 6, teremos 1 como resultado e resto 0.

Adição em $\mathbb{Z}_6$:

		j_1	j_2	j_3	j_4	j_5	j_6
	+	0	1	2	3	4	5
i_1	0	0	1	2	3	4	5
i_2	1	1	2	3	4	5	0
i_3	2	2	3	4	5	0	1
i_4	3	3	4	5	0	1	2
i_5	4	4	5	0	1	2	3
i_6	5	5	0	1	2	3	4

Vejamos outro exemplo.

Temos a linha i_4 e a coluna j_4. Assim, $4 + 4 = 8$. Se dividirmos 8 por 6 (lembre-se do anel finito $\mathbb{Z}_6$), teremos o quociente igual a 1 e resto igual a 2.

Adição em $\mathbb{Z}_6$:

		j_1	j_2	j_3	j_4	j_5	j_6
	+	0	1	2	3	4	5
i_1	0	0	1	2	3	4	5
i_2	1	1	2	3	4	5	0
i_3	2	2	3	4	5	0	1
i_4	3	3	4	5	0	1	2
i_5	4	4	5	0	1	2	3
i_6	5	5	0	1	2	3	4

Na tábua da multiplicação, devemos multiplicar a coluna j_1 pela linha i_1.
Multiplicação em $\mathbb{Z}_6$:

	j_1	j_2	j_3	j_4	j_5	j_6
+	0	1	2	3	4	5
i_1 0	0	1	2	3	4	5
i_2 1	1	2	3	4	5	0
i_3 2	2	3	4	5	0	1
i_4 3	3	4	5	0	1	2
i_5 4	4	5	0	1	2	3
i_6 5	5	0	1	2	3	4

A resolução é feita da mesma forma que na adição, ou seja, quando o número encontrado é maior que o número do conjunto, dividimos e colocamos o resto na tábua, isto é, multiplicando 4 por 5, temos como resultado 20, que, dividido por 6, é igual a 3, com resto 2 (devemos colocar 2 na tábua).

Multiplicação em $\mathbb{Z}_6$:

	j_1	j_2	j_3	j_4	j_5	j_6
*	0	1	2	3	4	5
i_1 0	0	0	0	0	0	0
i_2 1	0	1	2	3	4	5
i_3 2	0	2	4	0	2	4
i_4 3	0	3	0	3	0	3
i_5 4	0	4	2	0	4	2
i_6 5	0	5	4	3	2	1

2.1.2.2 Anéis comutativos

Um anel A será comutativo se a propriedade comutativa da multiplicação for satisfeita. Ou seja, para quaisquer a, b ∈ B:

$$a \cdot b = b \cdot a$$

São exemplos de anéis comutativos:

- anéis $\mathbb{Z}$, $\mathbb{Q}$, $\mathbb{R}$ e $\mathbb{C}$, cuja multiplicação é comutativa;
- anéis $\mathbb{Z}_n$ das classes de resto, módulo m, em que a, b ∈ $\mathbb{Z}_n$.

Um exemplo de anel não comutativo são os anéis de matrizes.

2.1.2.3 Anéis com unidade ou identidade

Dizemos que um anel A tem unidade ou identidade quando A conta com um elemento neutro para a multiplicação. Em outras palavras, deve existir um elemento que, ao ser multiplicado por A, não modifica o resultado encontrado. Existe $1_A \in A$, tal que $a \cdot 1_A = 1_A \cdot a = a$, para todo $a \in A$.

$$a \cdot 1_A = 1_A \cdot a = a$$

São exemplos de anéis com unidade ou identidade:

- anéis $\mathbb{Z}, \mathbb{Q}, \mathbb{R}$ e $\mathbb{C}$, em que o número 1 é unidade;
- anéis $\mathbb{Z}_n$ das classes de resto, módulo m, em que a unidade é a classe 1.

Com isso, dizemos que um anel A com unidade ou identidade conta com um elemento neutro para a multiplicação, para qualquer que seja o elemento do anel A.

2.1.2.4 Anéis comutativos com unidade

Para ser um anel comutativo e com unidade, é necessário que a multiplicação seja comutativa e que tenha unidade.

2.1.2.5 Domínio de integridade

Para ser um anel com domínio de integridade, é necessário que A seja comutativo, com unidade e satisfaça a propriedade:

$$\forall\, a, b \in A,\ ab = 0 \Rightarrow a = 0 \text{ ou } b = 0$$

OBS.: Entretanto, existe outra propriedade equivalente ao domínio de integridade:

$$\forall\, a, b \in A,\ a \neq 0 \text{ e } b \neq 0 \Rightarrow ab \neq 0$$

2.1.2.6 Anel de divisão

Também conhecido como *corpo*, é um anel A com identidade, tal que $A^* = A - \{0\}$. Podemos dizer, então, que um anel A será chamado de *anel de divisão* se todos os elementos do conjunto A forem invertíveis, ou seja, para $\forall\, a \in A$, existe $b \in A$: $ab = ba = 1$. Esse elemento (1) será indicado por a^{-1}.

2.2 Principais ideais

Um ideal é um subconjunto especial de um anel, que pode ser aplicado a qualquer anel. Nesta obra, daremos enfoque aos ideais dos **anéis comutativos**, **ideais primos** e **ideais maximais**, os quais veremos mais adiante.

Um anel A é um ideal I, quando o subconjunto não vazio I de A é um ideal à esquerda de A, se são verificadas as seguintes condições:

- $x, y \in I$, então $x + y \in I$;
- $a \in A$ e $x \in I$, então $a \cdot x \in I$.

Do mesmo modo, definimos um ideal I à direita.

Falamos em ideal bilateral quando um subconjunto não vazio I de A é um ideal à esquerda e à direita de A.

Agora, vamos conhecer as operações de **interseção**, **adição** e **multiplicação** dos ideais, com seus respectivos exemplos.

2.2.1 Interseção

Supondo que I e J são ideais em A, então $I \cap J$ também é um ideal em A. Assim:

a) Como $0 \in I$ e $0 \in J$, então $0 \in I \cap J$.
b) Se $x, y \in I \cap J$, então $x, y \in I$ e $x, y \in J$, em que $(x - y) \in I$ e $(x - y) \in J$; portanto, $(x - y) \in I \cap J$.
c) Sejam $x \in I \cap J$ e $a \in A$; então $x \in I$, $x \in J$ e, portanto, $ax \in I$ e $ax \in J$, em que $ax \in I \cap J$.

2.2.2 Adição

Temos que I e J são ideais de um anel A, e a soma desses ideais é um subconjunto de A, indicado por $I + J$, definido por:

$$I + J = \{x + y / x \in I \text{ e } x \in J\}$$

Temos, ainda, que $I + J$ também é um ideal em A e, portanto, sua soma é uma operação no conjunto de todos os ideais desse anel. Nesse sentido:

a) Como $0 \in I$ e $0 \in J$, então $0 = 0 + 0 \in I + J$.
b) Se $r, s \in I + J$, então $r = x_1 + y_1$ e $s = x_2 + y_2$, para elementos $x_1, x_2 \in I$ e $y_1, y_2 \in J$. De fato, $r - s = (x_1 - x_2) + (y_1 - y_2) \in I + J$, uma vez que $(x_1 - x_2) \in I$ e $(y_1 - y_2) \in J$.
c) Sejam $t \in I + J$ e $a \in A$, logo $t = x + y$ ($x \in I$, $y \in J$) e $at = ax + ay$, e, como $ax \in I$ e $ay \in J$, então $at \in I + J$.

2.2.3 Multiplicação

Seja (A, +, ·) um anel. Um subanel I ⊂ A é ideal de A se, para cada a ∈ A e para cada x ∈ I, temos (a · x) ∈ I e (x · a) ∈ I. Os subconjuntos formados pelo zero do anel e pelo próprio anel são **ideais do anel**, ou **ideais triviais**.

2.3 Ideais do anel comutativo, ideais primos e ideais maximais

Existem vários tipos de ideais para os anéis comutativo, maximal, primo, primário, principal, finito, entre outros, e cada um gera diferentes anéis quocientes. O conceito de anéis quocientes será visto na seção 2.4.

Assim, dizemos que um subanel do anel A é ideal se incorporar os elementos de A, ou seja, aI ⊆ I e Ia ⊆ I, para todo a em A.

Um ideal I do anel A é um subconjunto do anel A, em que I é um subconjunto não vazio e todos os elementos do ideal I pertencem ao anel A, se atendidas as propriedades do ideal I, descritas na seção 2.2.

Observe as definições a seguir.

Definições

1. Dado um anel comutativo A, sendo um subconjunto I um ideal em A, o anel (A/I, +, ·) é chamado de *anel quociente de A por I*.
2. Um subanel I de um anel A é chamado de *um ideal de A* se, para todo a ∈ A e todo x ∈ I, xa ∈ I e ax ∈ I.

2.3.1 Ideais do anel comutativo

Um ideal pode ser à esquerda, à direita ou bilateral, se atendidas as propriedades do ideal I, descritas na seção 2.2.

Nesse sentido, o ideal será à **esquerda** de A quando A for um anel e ∅ ≠ I ⊆ A, satisfazendo as seguintes propriedades:

- a, b ∈ I → a − b ∈ I;
- x ∈ A e a ∈ I → xa ∈ I.

O ideal será à **direita** de A quando A for um anel e ∅ ≠ I ⊆ A, desde que satisfaça as seguintes propriedades:

- a, b ∈ I → a − b ∈ I;
- x ∈ A e a ∈ I → ax ∈ I.

Quando trabalhamos com anéis não comutativos, podemos estender a noção de ideal, definindo **ideais à esquerda e à direita**.

No anel comutativo, o ideal à direita e o à esquerda coincidem, então não precisamos nos preocupar com a **lateralidade**.

O ideal trivial acontecerá quando o anel A tiver dois ideais, o do próprio anel e o do conjunto unitário formado somente pelo zero.

Os anéis que apresentam apenas ideais triviais são chamados de *anéis simples*.

2.3.2 Ideais primos e ideais maximais

Esses ideais são chamados de *classes especiais de ideais* e serão importantes para a explicação da estrutura algébrica dos anéis quocientes.

Nesse sentido, podemos estabelecer as definições a seguir.

Definições

Um ideal P de um anel comutativo A é primo se atende a duas propriedades:

- dados a e b do anel A, então a e b são elementos do anel A, tais que o produto ab é um elemento do ideal P, logo a e b estão em P;
- P é diferente do anel A.

Entretanto, se P é um número primo e divide o produto de dois inteiros, podemos dizer que P divide a ou P divide b. Com isso, temos: um inteiro positivo é um inteiro primo se o ideal $n\mathbb{Z}$ é um ideal primo de $\mathbb{Z}$.

O ideal maximal ocorre quando um ideal M é diferente do anel A, para qualquer ideal I do anel A. Deve apresentar a propriedade $M \subseteq A$, o que implica o ideal I ser igual ao ideal M ou o ideal I ser igual ao anel A.

Todo anel tem pelo menos dois ideais: ele próprio e o ideal formado pelo zero do anel, no qual 0 (zero) é o elemento neutro da operação de adição.

Vejamos os seguintes exemplos resolvidos:

1. Verifique se o subanel {0, 3} é um ideal do anel $(\mathbb{Z}_6, +, \cdot)$.

Resolução:

$\mathbb{Z} \cdot$

Vamos verificar, primeiramente, se $I = \{0, 3\} \subset (\mathbb{Z}_6, +, \cdot)$:

$\forall\, x \in I,\, \forall\, a \in \mathbb{Z}_6 \Rightarrow x \cdot a \in I$

Agora, devemos fixar os elementos do conjunto $I = \{0, 3\}$; em seguida, multiplicá-los pelos elementos do anel $\mathbb{Z}_6 = \{1, 2, 3, 4, 5, 6\}$.

Assim, temos:

Fixo x = 0	Fixo x = 3
$0 \cdot 1 = 0 \in I$	$3 \cdot 1 = 3 \in I$
$0 \cdot 2 = 0 \in I$	$3 \cdot 2 = 0 \in I$
$0 \cdot 3 = 0 \in I$	$3 \cdot 3 = 3 \in I$
$0 \cdot 4 = 0 \in I$	$3 \cdot 4 = 0 \in I$
$0 \cdot 5 = 0 \in I$	$3 \cdot 5 = 3 \in I$
$0 \cdot 6 = 0 \in I$	$3 \cdot 6 = 0 \in I$

Resposta: Logo, $\{0, 3\}$ é ideal de $(\mathbb{Z}_6, +, \cdot)$.

2. Demonstre a seguinte afirmação: O conjunto $\mathbb{Z}$ é um subanel de $\mathbb{R}$, mas não é ideal de $\mathbb{R}$.

Resolução:

Sabemos que $\mathbb{Z} \subset \mathbb{R}$ e que o conjunto $(\mathbb{Z}, +, \cdot)$ é um anel. Então, $\mathbb{Z}$ é um subanel de $\mathbb{R}$.

Agora, vamos verificar por que não é ideal de $\mathbb{R}$. Temos que:

$x = 3 \in \mathbb{Z}$ e $a = -2 \in \mathbb{Z}$

Logo, $x \cdot a = 3 \cdot (2) = -6 \in \mathbb{Z}$ é ideal. No entanto, se:

$x = 3 \in \mathbb{Z}$ e $a = \dfrac{1}{5} \in \mathbb{R}$

Então:

$x \cdot a = 3 \cdot \dfrac{1}{5} = \dfrac{3}{5} \notin \mathbb{Z}$

Resposta: Concluímos, assim, que $\mathbb{Z}$ não é ideal de $\mathbb{R}$.

2.4 Anéis quocientes, anel euclidiano e domínio de ideais principais

Veremos, a seguir, a classe de equivalência de um anel, denominado, neste momento, de *anel quociente*. Analisaremos, na sequência, a utilização do algoritmo de Euclides, na resolução de exercícios sobre os anéis euclidianos. Por fim, apresentaremos um estudo sobre o domínio de ideais principais, no qual cada domínio ideal é um domínio principal.

2.4.1 Anéis quocientes

O anel quociente é uma forma de simplificar um anel.

Anteriormente, vimos os ideais dos anéis; agora, vamos apresentar a relação de equivalência que cada ideal do anel A define em A. O conjunto dessas classes de equivalência é um anel, ao qual chamaremos de *anel quociente*.

Para construir o anel quociente, utilizaremos o mesmo princípio do anel $\mathbb{Z}_n$, ou seja, definiremos a relação do anel $\mathbb{Z}$. Para tanto, usaremos o símbolo (~), que expressa relação de equivalência.

Nesse sentido, observe a definição estabelecida a seguir.

Definição

Se I é um ideal do anel A, então a relação x ~ y (mod I) é uma relação de equivalência em A, isto é, para a, b, c ∈ A, valem as seguintes propriedades:

- a ~ a (mod I) é **reflexiva**;
- a ~ b (mod I) → b ~ a (mod I) é **simétrica**;
- a ~ b (mod I) e b ~ c (mod I) → a ~ c (mod I) é **transitiva**.

Vamos verificar um exemplo: observemos os subconjuntos de $n\mathbb{Z}$, em que n = 0, 1, 2, 3, ... são os únicos subgrupos de ($\mathbb{Z}$, +). Portanto, em $n\mathbb{Z}$, n = 0, 1, 2, 3, ... são os únicos ideais de ($\mathbb{Z}$, +, ·). Como $n\mathbb{Z}$ = (n), são todos principais. Sendo $\mathbb{Z}$ um domínio de ideais principais, as equivalências dos módulos ideais são semelhantes à equivalência dos módulos dos elementos.

Assim, temos:

$$a \sim b \pmod{n} \Leftrightarrow n/(a-b)$$

Pode ser escrita também da seguinte forma:

$$a \sim b \pmod{n\mathbb{Z}} \Leftrightarrow a - b \in n\mathbb{Z}, \text{ mudando a notação e destacando o ideal } n\mathbb{Z}.$$

Agora, vamos trocar o anel $\mathbb{Z}$ por um anel qualquer A e o ideal $n\mathbb{Z}$ por um ideal qualquer I do anel A. Com isso, vamos generalizar o princípio do $n\mathbb{Z}$.

O ideal I do anel A define no anel A esta relação:

> Lê-se "a é congruente a b módulo I".

$$a \sim b \pmod{I} \Leftrightarrow a - b \in I$$

Assim, podemos dizer que a relação binária b divide a, representada por b | a, em que existe q ∈ $\mathbb{Z}$, tal que a = b · q. Observe os seguintes exemplos:

- Temos 1 | 3, pois 3 = 1 · 3, em que 3 não é invertível, porque não existe um número inteiro q, tal que 1 = 3 · q.
- Temos o inteiro q, em que a = b · q é quociente de a por b; em outras palavras, q = a | b (lê-se "a sobre b").

Vejamos a definição a seguir.

> **Definição**
> Seja I um ideal do anel A. Dado que a ∈ A, chamamos de *classe de equivalência de **a** módulo I* o conjunto de todos os elementos de A que são congruentes a **a** módulo I. Desse modo, temos:
> $$\bar{a} = \{b \in A; b \sim a \pmod{I}\}$$

O conjunto de classes de equivalência pode ser descrito das seguintes formas:

- $\{\bar{0}, \bar{1}, \bar{2}, \bar{3}\}$ é o conjunto das classes de equivalência que o ideal $4\mathbb{Z}$ define em $\mathbb{Z}$;
- $\{\bar{0}, \bar{1}, \bar{2}, \bar{3}, \bar{4}\}$ é o conjunto das classes de equivalência que o ideal $5\mathbb{Z}$ define em $\mathbb{Z}$;
- $\{\bar{0}, \bar{1}, ..., \overline{n-1}\}$ é o conjunto das classes de equivalência que o ideal $n\mathbb{Z}$ define em $\mathbb{Z}$.

Sabemos que $n\mathbb{Z}$ é um anel com as operações $\bar{a} + \bar{b} = \overline{a+b}$ e $\bar{a} \cdot \bar{b} = \overline{a \cdot b}$. Desse modo, podemos concluir que o conjunto das classes de equivalência $\{\bar{0}, \bar{1}, ..., \overline{n-1}\}$ é também um anel com essas operações.

Agora, vamos substituir o anel $\mathbb{Z}$ por um anel qualquer A. Trocando o ideal $n\mathbb{Z}$ de $\mathbb{Z}$ por um ideal I de A, verificaremos que o conjunto das classes de equivalência geradas pelo ideal I no anel A é novamente um anel.

Portanto, o conjunto das classes de equivalência geradas no anel A pelo ideal I será denotado por:

$$\frac{\mathbb{Z}}{n\mathbb{Z}} = \{\bar{a}, a \in \mathbb{Z}\} = n\mathbb{Z} \to \frac{A}{I} = \{\bar{a}, a \in A\}$$

Assim como no estudo sobre anéis realizado no Capítulo 1, para que o ideal I do anel A seja um anel, em que $\bar{a}, \bar{b}, \bar{c} \in \frac{A}{I}$, são válidos os seguintes axiomas (lembre-se de que a, b, c ∈ A e $(\frac{A}{I}, +, \cdot)$):

- **Comutativa**: $\bar{a} + \bar{b} = \bar{b} + \bar{a} \leftrightarrow \overline{a+b} = \overline{b+a}$.
- **Associativa**: $\bar{a} + (\bar{b} + \bar{c}) = (\bar{a} + \bar{b}) + \bar{c} \leftrightarrow \overline{a+(b+c)} = \overline{(a+b)+c}$.
- **Elemento neutro**: supomos que zero (0) é o elemento neutro de $\frac{A}{I}$, isto é, $\bar{a} + \bar{0} = \overline{a+0} = \bar{a}$ e $\bar{0} + \bar{a} = \overline{0+a} = \bar{a}$.

- **Elemento simétrico**: para $\bar{a} \in \frac{A}{I}$, temos a ∈ A; sendo assim, temos –a ∈ A, tal que
  a + (–a) = (–a) + a = 0. Utilizando a classe de módulo I, temos que:
  $\overline{a + (-a)} = \overline{(-a) + a} = 0$. Logo, percebemos que $(\overline{-a})$ é simétrico de $\bar{a}$.

- **Associativa da multiplicação**: $\bar{a} \cdot (\bar{b} \cdot \bar{c}) = (\bar{a} \cdot \bar{b}) \cdot \bar{c} \leftrightarrow \overline{a \cdot (b \cdot c)} = \overline{(a \cdot b) \cdot c}$.

- **Distributiva da multiplicação em relação à adição**:
  $\bar{a} \cdot (\bar{b} + \bar{c}) = \overline{ab} + \overline{a \cdot c} \leftrightarrow \overline{a \cdot (b + c)} = \overline{ab + ac}$ e $(\bar{b} + \bar{c}) \cdot \bar{a} = \overline{ba} + \overline{ca} \leftrightarrow \overline{(b + c) \cdot a} = \overline{ba + ca}$.

2.4.2 Anel euclidiano

Um anel euclidiano, também chamado de *domínio euclidiano*, é um anel de ideais especiais e uma categoria de anéis principais e tem um elemento unidade.

Observe a definição a seguir.

> **Definição**
>
> Um anel de integridade A é chamado *anel euclidiano* se, para todo a ≠ 0, em A estiver definido um inteiro não negativo d(a), tal que:
> - "para todos a, b ∈ A, ambos não nulos, d(a) ≤ d(ab).
> - para todos a, b ∈ A, ambos não nulos, existem x, y ∈ A, tais que a = xb + r, onde r = 0 ou d(r) < d(b)" (Wagner; Bastos, 2013).

2.4.3 Domínio de ideais principais (DIP)

O DIP pode ser definido como domínios de integridade, para os quais cada ideal é um ideal principal.

De acordo com o **teorema 1** do DIP, temos que todo ideal de ℤ é principal (ℤ é um domínio principal). Por exemplo, se considerarmos I um ideal de ℤ, se I = {0}, então I é um ideal principal de ℤ gerado por 0.

Suponhamos que I ≠ 0. Então, existe a ∈ I, tal que a ≠ 0; sendo assim, –a ∈ I, isto é, há um inteiro positivo. Logo, podemos destacar em I um conjunto não vazio de inteiros positivos.

De acordo com o princípio da boa ordenação, visto no Capítulo 1, existe d ∈ I, tal que d é o menor inteiro positivo em I.

Assim, provamos que I = (d). É claro que (d) ⊂ I, pois d ∈ I. Resta-nos ver a outra inclusão. Sendo x ∈ I, então |x| ∈ I é um ideal. Pelo algoritmo de divisão, existem q, r ∈ ℤ, tais que |x| = qd + r, em que 0 ≤ r < d. Portanto, 0 ≤ |x| – q · d + r < d. Sendo |x| e qd ∈ I, temos r ∈ I e, consequentemente, r = 0, pois, caso contrário, teríamos uma contradição com a minimalidade de d. Logo, |x| = qd ∈ (d). Seguindo esse raciocínio, temos que I = (d) (Mendes, 2005).

O **teorema 2** do DIP estabelece que, em um DIP, um elemento é irredutível se, e somente se, ele for primo.

Sabendo disso, vejamos o seguinte: seja **a** um elemento irredutível em um DIP D. Suponhamos que a | bc. Devemos provar, então, que a | b ou a | c. Considerando o ideal I = {ax + by | x, y ∈ D}, e, como D é um DIP, existe d ∈ D, tal que I = < d > . Como a ∈ I, podemos escrever a = dr para algum **r** em D, e, como **a** é irredutível, **d** ou **r** é uma unidade.

Se d for uma unidade, então I = < d > = D, e escreveremos 1 = ax + by. Assim, c = acx + bcy, e, como **a** divide ambos os termos, temos que a | c. Por outro lado, se r for uma unidade, então < a > = < d > = I, e, como b ∈ I, existe t ∈ D, tal que at = b. Desse modo, **a | b** para quaisquer que sejam os valores, desde que **a** seja um elemento primo (Marques, 1999).

2.5 Fatoração de anéis e máximo divisor comum (MDC)

A partir deste momento, estudaremos a fatoração de anéis, que consiste em escrever um número na forma de produto, entre dois ou mais números. Além disso, veremos que o MDC de dois ou mais números inteiros é o maior divisor inteiro comum entre eles.

2.5.1 Domínio de fatoração de anéis

Um domínio de integridade A será chamado de *anel fatorial* se:

- todo elemento a ∈ A, não nulo e não invertível, puder ser escrito como um produto de elementos irredutíveis de A, isto é, $a = p_1 p_2 \ldots p_n$, em que n ≥ 1 e os $p_{i's}$ são irredutíveis;
- $a = p_1 p_2 \ldots p_r$ e $a = q_1 q_2 \ldots q_s$, com p_i e q_j irredutíveis em A, então r = s e cada p_i é associado de algum q_j.

São estas as propriedades da fatoração de anéis:

- sejam dados dois elementos quaisquer de um anel fatorial, existirá um máximo divisor comum;
- sejam a e b, não nulos, elementos de um anel fatorial, temos d, que é um MDC dos elementos desse anel, então a/d e d/b são primos entre si;
- se dois elementos, a e b, de um anel fatorial A não são primos entre si, então eles têm um divisor comum irredutível, e qualquer um desses fatores irredutíveis é divisor de a e b;
- se p é irredutível e p | ab, ou seja, ab = pq, para algum q ∈ A, então p | a ou p | q. Além disso, podemos dizer que, em um anel fatorial, todo elemento irredutível é primo.

Nesta obra, demonstraremos apenas as propriedades da fatoração de anéis. Caso tenha interesse em aprofundar seus conhecimentos sobre esse assunto, você pode consultar as referências utilizadas no desenvolvimento deste material.

2.5.2 Máximo divisor comum (MDC)

O MDC é um divisor comum que, aqui, será chamado de **m**. Ele divide todos os elementos a, b e c, tal que qualquer outro divisor comum x de a, b e c será um divisor de m. No entanto, nem sempre existirá um MDC.

Primeiramente, vamos conhecer o algoritmo de Euclides, que será utilizado para encontrar o MDC dos números. Com esse algoritmo, é possível resolver o MDC de dois números grandes de forma eficiente.

Vejamos: se z e y são inteiros positivos, então $MDC(z, y) = MDC(y, z - y \cdot m)$, qualquer que seja o inteiro m. Isso pode ser escrito da seguinte forma:

> Para $m = q(z, y)$, temos que: $z - y \cdot m = r$, em que $r = r(z, y)$.

Sendo assim, podemos estabelecer a definição a seguir.

> **Definição**
> Se z e y são inteiros positivos e $r = r(z, y)$, então $MDC(z, y) = MDC(y, r)$.

O **teorema 3**, que diz respeito ao algoritmo de Euclides, consiste em efetuar divisões sucessivas entre dois números até obter resto 0 (zero), de acordo com Evaristo e Perdigão (2013).

Sejam z e y dois inteiros positivos. Se:

$z = y \cdot q_1 + r_1$, com $0 \leq r_1 < y$
$y = r_1 \cdot q_2 + r_2$, com $0 \leq r_2 < r_1$
$r_1 = r_2 \cdot q_3 + r_3$, com $0 \leq r_3 < r_2$
...
$r_{n-3} = r_{n-2} \cdot q_{n-1} + r_{n-1}$, com $0 \leq r_{n-1} < r_{n-2}$
$r_{n-2} = r_{n-1} \cdot q_n + r_n$, com $0 \leq r_n < r_{n-1}$
...

Então, existe n, tal que $r_n = 0$ e $r_{n-1} = MDC(z, y)$.

Além disso, existem inteiros t e u, tais que $t \cdot z + u \cdot y = MDC(z, y)$.

Das desigualdades relativas aos restos, temos que:

> $y > r_1 > r_2 > r_3 > ... > r_n \geq ... 0$

Então, existe n, tal que $r_n = 0$. Por outro lado, $MDC(z, y) = MDC(y, r_1) = MDC(r_1, r_2) = MDC(r_2, r_3) = ... = MDC(r_{n-3}, r_{n-2}) = MDC(r_{n-2}, r_{n-1}) = r_{n-1}$.

Além disso, de $MDC(z, y) = r_{n-1}$, segue $MDC(z, y) = r_{n-3} - r_{n-2} \cdot q_{n-1}$, em que podemos substituir $r_{n-2} = r_{n-4} - r_{n-3} \cdot q_{n-2}$, obtendo $MDC(z, y) = r_{n-3} - (r_{n-4} - r_{n-3} \cdot q_{n-2}) \cdot q_{n-1}$. Nessa igualdade, podemos substituir $r_{n-3} = r_{n-5} - r_{n-4} \cdot q_{n-3}$, e, seguindo essa substituição retroativa, encontraremos t e u, tais que $t \cdot z + u \cdot y = MDC(z, y)$.

Observe o exercício resolvido a seguir.

1. Encontre o MDC(5100, 840).

    Resolução:
    Primeiramente, devemos encontrar a = 5100 e b = 840.
    Realizando uma grade com o teorema 3, temos:

Quociente	q_1	q_2	q_3	...	q_{n-2}	q_{n-1}	q_n
a	b	r_1	r_2	...	r_{n-2}	r_{n-1}	r_n
Resto	r_1	r_2	r_3	...	r_{n-1}	r_n	0

    Devemos dividir a por b:

    5100 | 840
    60   6

    Dessa maneira, temos $q_1 = 6$ e $r_1 = 60$. Devemos, novamente, colocar na grade até obter resto zero:

Quociente	6
5100	840
Resto	60

    Agora, vamos dividir 840 por 60 (resto):

    840 | 60
    24   14

    00

    Como obtivemos resto = 0, vamos inserir os valores na grade:

Quociente	6	14
5100	840	**60**
Resto	60	0

    Resposta: Como obtivemos um resto igual a 0 (zero), o MDC procurado é o último rn não nulo, ou seja, MDC(5100, 840) = 60.

Um elemento d ∈ A é o MDC dos elementos a, b ∈ A quando satisfaz as seguintes propriedades:

- d | a e d | b;
- se d_1 ∈ A, tal que d_1 | a e d_1 | b, então d_1 | d.

Observação: (a, b) = d é o que chamamos de MDC.

Vamos analisar, agora, a seguinte proposição: se $d = \text{MDC}(a, b)$, então um elemento $d_1 \in A$ também é um MDC de a e b se, e somente se, $d_1 \sim d$.

Vejamos a demonstração.

($\rightarrow$) De fato, temos que $d = \text{MDC}(a, b)$, e, por hipótese, d_1 é um MDC de a e b. De acordo com a segunda propriedade citada anteriormente, é imediato que $d_1 \mid d$ e $d \mid d_1$. Logo, $d_1 \sim d$.

($\leftarrow$) Seja $d_1 \in A$ um associado de d. Então, $d_1 \mid d$ e $d \mid d_1$ e, sendo $d = \text{MDC}(a, b)$, segue que $d \mid a$ e $d \mid b$. Logo, $d_1 \mid a$ e $d_1 \mid b$, em razão da transitividade da divisibilidade. Suponhamos que exista $d_2 \in A$, tal que $d_2 \mid a$ e $d_2 \mid b$.

Pela definição de MDC, temos que $d_2 \mid d$ e $d \mid d_1$. Logo, podemos dizer que $d_2 \mid d_1$. Assim, d_1 é um MDC de a e b (Mendes, 2005).

Observação: $a, b \in A$ serão primos entre si se a unidade de A for um MDC desses elementos.

2.6 Homomorfismo e isomorfismo de anéis

O conceito inicial de homomorfismo foi elaborado por Évariste Galois (1811-1832) e surgiu de forma gradual, por volta de 1830. Houve relatos sobre o homomorfismo de corpos em 1870 e, mais tarde, sobre o homomorfismo de anéis. O matemático francês, que teve seus trabalhos reconhecidos apenas 14 anos após a sua morte, também foi pioneiro no estudo dos polinômios, entre outros temas relevantes para o estudo da matemática que conhecemos.

O homomorfismo pode ser definido como uma aplicação entre duas estruturas algébricas de mesmo tipo e que preservam as operações. Como exemplo, temos os anéis, que transformam uma soma de elementos no anel domínio na soma de suas imagens, o que também é feito para o produto.

Além do **isomorfismo**, existem outros tipos de homomorfismo, como o **automorfismo** e o **endomorfismo**, os quais não serão explicados nesta obra.

2.6.1 Homomorfismo de anéis

Inicialmente, para explicar o homomorfismo de anéis, vamos utilizar as funções **injetora**, **sobrejetora** e **bijetora**. Para tanto, usaremos o esquema da função (f), que será representada pelos conjuntos A e B.

1. Função injetora:

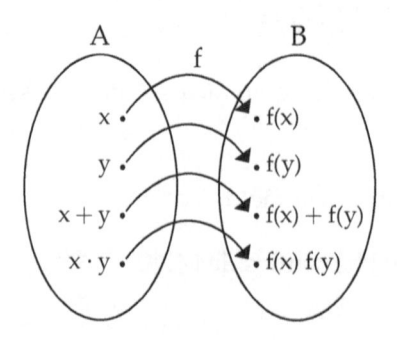

Nesse caso, o conjunto imagem é um subconjunto do contradomínio, isto é, Im (f) ⊊ B. Ele está contido em B, no entanto, não é necessário que a imagem seja diferente do contradomínio.

2. Função sobrejetora:

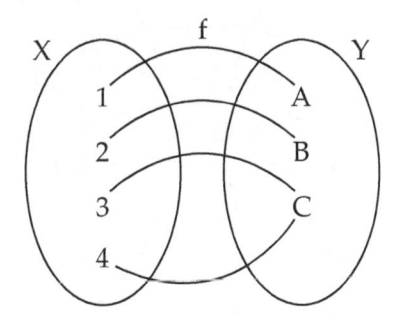

Aqui, o conjunto imagem é igual ao contradomínio do conjunto, isto é, Y Im (f) = CD (f). Podemos dizer, então, que a função será sobrejetora quando todo elemento de Y for imagem de, pelo menos, um elemento de X. Assim, X é igual a Y.

3. Função bijetora:

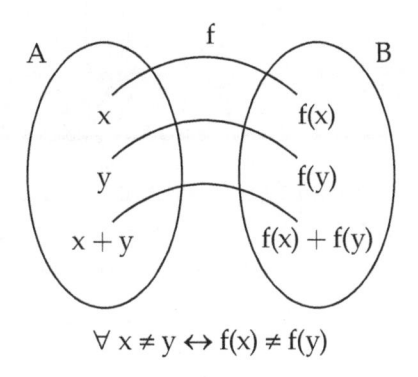

$$\forall\ x \neq y \leftrightarrow f(x) \neq f(y)$$

O conjunto imagem A é igual ao conjunto B ou Im (f) = CD (f). Assim, a função será sobrejetora quando todo elemento de B for imagem de, pelo menos, um elemento de A.

Observação: as funções injetora e sobrejetora não admitem a operação inversa, ao contrário da função bijetora, que admite.

Nesse sentido, apresentamos a definição a seguir.

> **Definição**
> O homomorfismo de um anel (A, +, ·) em um anel (B, +, ·) é dado a toda aplicação f: A → B, para quaisquer x, y ∈ A. Ou seja:
> - f(x + y) = f(x) + f(y);
> - f(x · y) = f(x) · f(y).

Colocando os conjuntos (A, +, ·) e (B, +, ·) no diagrama, temos:

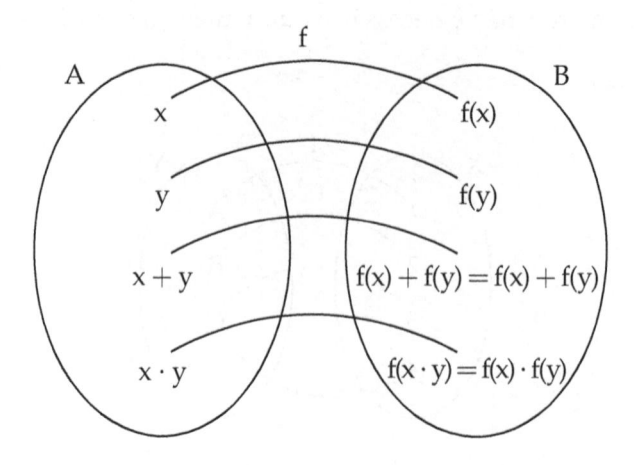

Podemos simplificar a definição de homomorfismo da forma estabelecida a seguir.

Definição
Dado um anel (A, +, ·) em um anel (B, +, ·), em que a aplicação f: A → B, $\forall$ x, y ∈ A, valem as seguintes propriedades:
- f(x + y) = f(x) + f(y);
- f(x · y) = f(x) · f(y).

No entanto, devemos nos atentar para o fato de que x + y e x · y são operações em A e f(x) + f(y) e f(x) · f(y) são operações em B.

A função f: A → B será homomorfismo de anéis quando se tratar das mesmas operações de adição e multiplicação em A. Dessa forma, o domínio em A é o contradomínio em B, e, sendo assim, **f** será homomorfismo de A.

Quando a função é **injetora**, o homomorfismo é chamado de *injetor* ou *monomorfismo* (para f: A → B, temos f(a) = f(b) → a = b). Se é uma função **sobrejetora**, é denominado *homomorfismo sobrejetor* ou *epimorfismo* (quando Im (f) = B). Por fim, no caso de ser uma função *bijetora*, é chamado de *isomorfismo* – este será visto mais adiante.

Perceba que A e B são anéis, nos quais (A, +, ·) e (B, +, ·) são grupos. Portanto, trata-se de homomorfismo de anéis f: A → B.

Observação: dados A e B conjuntos quaisquer, lembre-se de que uma função f: A → B será:
- sobrejetora quando Im (f) = B;
- injetora quando f(a) = f(b) → a = b.

Vejamos o exemplo resolvido a seguir.

> **1.** Prove que f: $\mathbb{Z}[\sqrt{2}] \to \mathbb{Z}[\sqrt{2}]$, $f(a + b\sqrt{2}) = a - b\sqrt{2}$ é homomorfismo. Para tanto, utilize valores numéricos para a, b, c, d $\in \mathbb{Z}$.
>
> **Resolução:**
> De fato, sejam $a + b\sqrt{2}$, $c + d\sqrt{2} \in \mathbb{Z}[\sqrt{2}]$, para a = 1, b = 2, c = 3 e d = 4, temos:
> $f((1 + 2\sqrt{2}) + (3 + 4\sqrt{2})) = f((1 + 3) + (2\sqrt{2} + 4\sqrt{2}))$ *Agrupamos os fatores comuns.*
> $= f((1 + 3) + (2 + 4)\sqrt{2})$ *Colocamos $\sqrt{2}$ em evidência.*
> $= (1 + 3) - (2 + 4)\sqrt{2}$
> $= (1 - 2\sqrt{2}) + (3 - 4\sqrt{2})$
> $= f(1 + 2\sqrt{2}) + f(3 + 4\sqrt{2})$
> E também:
> $f((1 + 2\sqrt{2}) \cdot (3 + 4\sqrt{2})) = f((1 \cdot 3 + 1 \cdot 4\sqrt{2}) + (2 \cdot 3\sqrt{2} + 2 \cdot 2 \cdot 4 \cdot 4)$
> $= f((1 \cdot 3 + 2 \cdot 2 \cdot 4) + (1 \cdot 4 + 2 \cdot 3)\sqrt{2})$ *Colocamos $\sqrt{2}$ em evidência.*
> $= (1 \cdot 3 + 2 \cdot 2 \cdot 4) - (1 \cdot 4 + 2 \cdot 3)\sqrt{2}$
> $= (1 - 2\sqrt{2}) \cdot (3 - 4\sqrt{2})$
> $= f(1 + 2\sqrt{2}) \cdot f(3 + 4\sqrt{2})$
>
> **Resposta:**
> Concluímos, assim, que é homomorfismo.

Veja, a seguir, mais alguns tipos de homomorfismo.

- **Homomorfismo nulo**: sejam A e B anéis quaisquer. Então:

$$f: A \to B, f(a) = 0, \forall x \in A$$

Temos x, y $\in$ A, logo:

$$f(x + y) = 0 = 0 + 0 = f(x) + f(y) \quad \text{e} \quad f(x \cdot y) = 0 = 0 \cdot 0 = f(x) \cdot f(y)$$

- **Homomorfismo identidade**: dado um anel A qualquer. Assim:

$$f: A \to A, f(x) = x, \forall x \in A$$

Temos x, y $\in$ A, então:

$$f(x + y) = x + y = f(x) + f(y) \quad \text{e} \quad f(x \cdot y) = x \cdot y = f(x) \cdot f(y)$$

Além dos que foram citados, existe o **homomorfismo de inclusão**, **projeção canônica**, entre outros, que podem ser encontrados em pesquisa na internet ou em livros da área.

No entanto, há casos que não são homomorfismos, como: f: $\mathbb{Z} \to \mathbb{Z}$, f(a) = −a. Supondo que 3, 4 ∈ $\mathbb{Z}$, temos: f(a) = −a → f(3 · 4) = −3 · 4 → f(12) = −12. Porém, f(3) · f(4) = (−3) · (−4) = 12. Percebemos, então, que f(3 · 4) ≠ f(3) · f(4); logo, **f** não é homomorfismo.

Em uma função f: A → B, homomorfismo de anéis, denotamos o núcleo da função por N (f), em que **f** é um conjunto todo, ou seja, os conjuntos A e B, que são formados pelos elementos de A, cuja imagem de f(a) = 0 e pertence a B. Portanto, temos:

$$N(f) = \{a \in A; f(a) = 0\}$$

Dado f: A → B, função homomorfismo de anéis, denotamos a imagem da função por Im (f), em que:

$$\text{Im}(f) = \{f(a); a \in A\}$$

Temos, então, que f: A → B é homomorfismo de anéis, em que N (f) ⊆ A e Im (f) ⊆ B.

Observação: encontrar o núcleo de uma função geralmente é mais fácil do que encontrar a imagem da função.

Chegamos, então, à definição estabelecida a seguir.

Definição

Temos que uma função f: A → B é homomorfismo quando:
- Im (f) é um subanel de B;
- N (f) é ideal de A.

Vejamos o seguinte exercício resolvido:

1. Sejam A e B anéis e f: A → B, em que f(a) = 0. Temos, então, N (f) = A e Im (f) = 0. Encontre o núcleo e a imagem.

   Resolução:
   Dada a expressão f: $\mathbb{Z}[\sqrt{2}] \to \mathbb{Z}[\sqrt{2}]$, devemos mostrar que $f(a + b\sqrt{2}) = a - b\sqrt{2}$.
   Temos que 0 (zero) é o elemento neutro em $\mathbb{Z}[\sqrt{2}]$, em que:

   $$(a + b\sqrt{2}) = N(f) \leftrightarrow f(a + b\sqrt{2}) = 0 \leftrightarrow a - b\sqrt{2}$$

   Assim, podemos dizer que a = 0 e b = 0.
   Também temos N (f) = {0}. Para encontrarmos a imagem, vamos utilizar x, y ∈ $\mathbb{Z}[\sqrt{2}]$, a fim de verificar a expressão $x + y\sqrt{2} \in \mathbb{Z}[\sqrt{2}]$ e $x - y\sqrt{2} \in \mathbb{Z}[\sqrt{2}]$.
   Então:

   $$f(x + y\sqrt{2}) = (x - y\sqrt{2}) \leftrightarrow f(x - y\sqrt{2}) = (x + y\sqrt{2}) \in \text{Im}(f)$$

   Resposta: Logo, podemos dizer que $\mathbb{Z}[\sqrt{2}] \subseteq \text{Im}(f)$ e $\text{Im}(f) \subseteq \mathbb{Z}[\sqrt{2}]$.

2.6.1.1 Propriedades do homomorfismo de anéis

Um homomorfismo de anéis f: A → B pode transformar um subanel de A em subanel de B, ou um ideal de A em Im (f).

Para que f: A → B seja um homomorfismo de anéis, é necessário que as seguintes propriedades satisfaçam a função:

i. $f(0_A) = 0_B$
$f(0_A) = f(0_A + 0_A) = f(0_A) + f(0_A)$
$0_A = 0_A + 0_A$

> Aplicamos a igualdade em ambos os lados.

> A associatividade permite não usar os parênteses.

Sabendo que $f(0_A) \in B$ e B é um anel, podemos somar o simétrico $-f(0_A)$ em ambos os lados:
$f(0_A) - f(0_A) = f(0_A) + f(0_A) - f(0_A)$
$0_B = f(0_A)$

ii. $f(-a) = -f(a), \forall\ a, b \in A$
$0_B = f(0_A)$

Usando a propriedade (ii), temos:
$f(a - a) = f(a + (-a)) = f(a) + f(-a)$

Aplicando a igualdade $0_A = a - a$:
$-f(a) = f(-a)$

> Todo número tem seu simétrico

iii. $f(a - b) = f(a) - f(b), \forall\ a, b \in A$
$= f(a + (-b))$
$= f(a) + f(-b)$
$= f(a) - f(b)$

> Lembre-se:
> a − b = a + (−b)

Concluímos, assim, que f: A → B é homomorfismo, pelo fato de $f(0_A) = 0_B$, de acordo com a propriedade (i). Caso fosse $f(0_A) \neq 0_B$, não seria homomorfismo de anéis.

2.6.2 Isomorfismo de anéis

Se A e B são anéis isomorfos, significa que têm as mesmas propriedades; o que diferencia um do outro é o nome dos elementos de cada conjunto.

A função bijetora é homomorfismo bijetor, ou seja, isomorfismo. Para a função f: A → B, que é um isomorfismo de anéis, existem várias propriedades, no entanto elas só poderão valer para o anel A se também valerem para o anel B.

Desse modo, podemos dizer que B tem várias propriedades de A: inexistência de divisores de zero, inverso, comutativa, entre outras. No entanto, o conjunto imagem é completamente igual ao conjunto B, isto é, Im (f) = contradomínio (f).

2.6.2.1 Propriedades do isomorfismo

Dada a função f: A → B, isomorfa de anéis, então f^{-1}: B → A também é isomorfa. Dessa forma, toda propriedade que é transportada de A para B por isomorfismo vale também de B para A.

Observe a seguinte proposição: a função f: A → B será um isomorfismo de anéis se, e somente se, as propriedades, apresentadas na sequência, forem satisfeitas.

Vejamos a demonstração. Como se trata de isomorfos, basta indicar uma direção (→), pois, como vimos anteriormente, f: A → B, em que A transporta elementos para B. Vale também o recíproco f^{-1}: B → A, em que B leva elementos para A.

Estas são as propriedades que devem ser satisfeitas:

i. A é comutativo ↔ B é comutativo:

Dados x, y ∈ B e a, b ∈ A, f é sobrejetora. Assim, temos que:

f(a) = x e f(b) = y

A é comutativo por hipótese, então:

xy = f(a) · f(b) = f(a · b) = f(b · a) = f(b) · f(a) = yx

Logo, B é comutativa.

ii. a ∈ U (A) ↔ f(a) ∈ U (B):

Como f é sobrejetora e A tem unidade, significa que f(a) é sobrejetora e B também tem unidade.

iii. A não tem divisores de zero ↔ B não tem divisores de zero:

Dado x, y ∈ B, tais que (x · y) = 0, sabe-se que f é sobrejetora e existem a, b ∈ A, tais que f(a) = x e f(b) = y. Lembre-se de que f(0) = 0.

Assim, temos:

f(0) = 0 = xy = f(a) · f(b) = f(ab)

Por hipótese, A não tem divisores de zero; assim, a = 0 ou b = 0, então ab = 0. Logo, temos:

x = f(a) = f(0) = 0

ou

y = f(b) = f(0) = 0

iv. A é domínio ↔ B é domínio:

Temos por hipótese que A é um domínio, então A é anel comutativo, com unidade e sem divisores de zero. Vimos nos itens (i), (ii) e (iii) que B é um anel comutativo, com unidade e sem divisores de zero. Portanto, B é domínio.

v. A é corpo ↔ B é corpo:

Por hipótese, temos que A é corpo, então A é anel comutativo, com unidade e tem inverso para todo elemento não nulo. Vimos também pelos itens (i) e (ii) que B é um anel comutativo e com unidade. No entanto, b ∈ B, b ≠ 0. Como f é sobrejetora, existe a ∈ A, tal que f(a) = b. Então a ≠ 0, pois, caso contrário, teríamos b = f(a) = f(0) = 0, o que é impossível, de acordo com o item (ii). Logo, B tem inverso para todo elemento não nulo e, assim, B é corpo.

Síntese

A seguir, apresentamos um esquema com os assuntos mais importantes vistos neste capítulo.

- **Operações com anéis**

Soma

Associatividade: $\forall\, x, y, z \in A$

$(x + y) + z = x + (y + z)$

Comutatividade: $\forall\, x, y \in A$

$x + y = y + x$

Existência de um elemento neutro (0 = zero): $\forall\, x \in A$

$x + 0_A = x$

Existência de simétricos: $\forall\, x \in A$

$x + (-x) = 0_A$

Multiplicação

Associatividade: $\forall\, x, y, z \in A$

$x(y \cdot z) = (x \cdot y)z$

Multiplicação em relação à adição e à distributividade: $\forall\, x, y, z \in A$

$x(y + z) = xy + xz$
$(x + y)z = xz + yz$

Os **anéis** podem ser:

- finitos;
- comutativos;
- de unidade ou identidade;
- comutativos com unidade;
- de integridade;
- de divisão.

Para que um anel seja chamado de **ideal**, é necessário que:
- a, b ∈ I, então a + b ∈ I;
- a ∈ A e b ∈ I, então a · b ∈ I.

São estas as **propriedades dos ideais**:
- 0 ∈ I;
- se a ∈ I, então –a ∈ I;
- se a, b ∈ I, então a – b ∈ I.

Os principais ideais são:
- os ideais do anel comutativo;
- os ideais primos e maximais.

Anéis quocientes

— Há uma relação binária (**b** divide **a**);
— existe q ∈ $\mathbb{Z}$, tal que a = b · q;
— inteiro q, em que a = b · q, é chamado de *quociente de a por b*;
— q = a | b (lê-se "a divide b").

Anel euclidiano/domínio euclidiano

Um anel A será euclidiano se a ≠ 0 estiver definindo um inteiro não negativo d(a), tal que:
— para todos a, b ∈ A, ambos não nulos, d(a) ≤ d(ab);
— para todos a, b ∈ A, ambos não nulos, existem x, y ∈ A, tais que a = xb + r, em que r = 0 ou d(r) < d(b).

- **Domínios de ideais principais (DIP):** será irredutível se for primo.

Fatoração de anéis

— ∀ a, b ∈ ao anel fatorial, há MDC;
— a e b ∈ ao anel fatorial, pelo menos um não é nulo;
— se d é um MDC dos elementos desse anel, então a/d e d/b são primos entre si;
— dois elementos (a e b) de um anel fatorial A não são primos entre si, então eles têm um divisor comum irredutível, no qual qualquer um desses fatores irredutíveis é divisor de a e b;
— se p é irredutível e p | ab, ou seja, ab = pq, para algum q ∈ A, então p | a ou p | q. Além disso, podemos dizer que, em um anel fatorial, todo elemento irredutível é primo.

- **Máximo divisor comum (MDC):** é um divisor comum de todos os elementos da linha (a, b, c, ...) por um número inteiro, que é divisor tanto de a e b quanto dos demais elementos.

- **Algoritmo de Euclides**: consiste em efetuar divisões sucessivas entre dois números até obter resto zero.

Homomorfismo de anéis

Função é injetora → homomorfismo injetor ou monomorfismo.
Função sobrejetora → homomorfismo sobrejetor ou epimorfismo.

Homomorfismo pode ser:

Nulo: $x, y \in A$
$f(x + y) = 0 = 0 + 0 = f(x) + f(y)$
$f(x \cdot y) = 0 = 0 \cdot 0 = f(x) \cdot f(y)$

Identidade: $x, y \in A$
$f(x + y) = x + y = f(x) + f(y)$
$f(x \cdot y) = x \cdot y = f(x) \cdot f(y)$

São estas as propriedades do homomorfismo de anéis:

a) $f(0_A) = 0_B$
b) $f(-a) = -f(a), \forall\ a, b \in A$
c) $f(a - b) = f(a) - f(b), \forall\ a, b \in A$

- **Isomorfismo de anéis:** função bijetora → isomorfismo.
- **Propriedades dos isomorfismos:**

Seja $f: A \to B$

a) A tem unidade ↔ B tem unidade;
b) A é comutativo ↔ B é comutativo;
c) como f é sobrejetora e A tem unidade, significa que f(a) é sobrejetora e B também tem unidade;
d) A não tem divisores de zero ↔ B não tem divisores de zero;
e) A é domínio ↔ B é domínio;
f) A é corpo ↔ B é corpo.

Atividades de autoavaliação

1) Encontre os divisores de zero no anel finito $\mathbb{Z}_8$:

   a. $\mathbb{Z}_8 = \{0, 1, 2, 4\}$
   b. $\mathbb{Z}_8 = \{0, 2, 4, 6\}$
   c. $\mathbb{Z}_8 = \{1, 2, 4, 8\}$
   d. $\mathbb{Z}_8 = \{2, 4, 6\}$
   e. $\mathbb{Z}_8 = \{2, 4, 6, 8\}$

2) Encontre o MDC(1500, 70). Sugestão: Resolva de acordo com o algoritmo de Euclides.
   a. 3
   b. 10
   c. 21
   d. 30
   e. 70

3) O contradomínio da função f é o conjunto das matrizes quadradas de ordem 2 com coeficientes reais, em que f: $\mathbb{C} \to M2(\mathbb{Z}) \to f(a + ib) = \begin{pmatrix} a & -b \\ b & a \end{pmatrix}$ é homomorfismo de anéis. Essa afirmação está:
   a. correta.
   b. incorreta.
   c. parcialmente correta.
   d. parcialmente incorreta.

Atividades de aprendizagem

Questão para reflexão

1) Uma costureira dispõe de três peças de fitas de cetim, que medem 60 cm, 80 cm e 100 cm de comprimento. Ela deseja cortá-las em pedaços iguais, de maior comprimento possível. Qual é a medida procurada?

Atividade aplicada: prática

1) Faça uma pesquisa sobre a ligação entre o cubo mágico, ou cubo de Rudik, e a álgebra, principalmente no que diz respeito ao homomorfismo.

3
Anéis de polinômios

Neste capítulo, trataremos de algumas das principais funções de anéis de polinômios. Por meio deste estudo, você será capaz de resolver cálculos de divisão com anéis de polinômios e reconhecer polinômios irredutíveis, além de compreender propriedades, axiomas e definições.

Esses anéis, cujos elementos são polinômios do coeficiente de determinado anel, podem ser finitos ou infinitos. No entanto, preservam muitas das características do anel inicial.

Antes de darmos início ao estudo propriamente dito sobre polinômios, vamos conhecer sua história.

3.1 História dos polinômios

A história das equações polinomiais teve início na Babilônia, por volta de 1800 a.C. Havia o conhecimento de apenas alguns dos parâmetros para a resolução de equações do 2° grau. No entanto, era necessário encontrar as raízes do problema para resolver uma equação algébrica (Moro, 2002). Já os anéis de polinômios, de acordo com Domingues e Iezzi (2013), surgiram por volta do século XVI, período de grandes descobertas matemáticas.

Ocorre que, das três partes em que se poderia dividir a matemática da época – geometria, aritmética e álgebra –, aquela na qual os gregos do Período Clássico (VI-IV a.C.) menos se destacaram foi a álgebra. Nesse campo, a linguagem algébrica era substituída, com óbvias desvantagens, pela linguagem geométrica.

Posteriormente, no século II ou III da nossa era, um grego chamado **Diofanto de Alexandria** introduziu símbolos para indicar a variável e suas potências (até a de expoente 6), porém esse passo inicial não teve continuidade imediata.

Na primeira metade do século XVI, ocorreu um grande avanço no desenvolvimento da **Teoria das Equações Algébricas**, com a descoberta de fórmulas algébricas para a resolução de equações de 3° e 4° graus. Mas o raciocínio dos matemáticos que conseguiram esses grandes feitos era ainda "geométrico", e a linguagem, verbal.

Em 1591, o francês **François Viète** (1540-1603), em sua obra *Introdução à arte analítica* (*In Artem Analyticam Isagoge*, originalmente), criou o **cálculo literal**, ou seja, introduziu a linguagem das fórmulas na matemática. Pela primeira vez na história da matemática, tornou-se possível escrever genericamente, por exemplo, uma equação do 2º grau.

A notação usada por Viète, que consistia em representar por vogais e consoantes maiúsculas, respectivamente, as variáveis e as constantes, não vingou naquela época. No entanto, esse método, que hoje nos parece corriqueiro, foi uma revolução na matemática.

Seu trabalho teve continuidade com o também francês **René Descartes** (1596-1650), cuja preocupação intelectual maior era a filosofia, a serviço da qual colocou suas pesquisas matemáticas. Sua única obra matemática, *A geometria* (*La Géomètrie*, em francês), tinha por objetivo usar o potencial da álgebra na resolução de problemas geométricos clássicos.

Entendendo que a geometria clássica não exercita o intelecto sem provocar muito cansaço à imaginação e que a álgebra renascentista se torna uma arte confusa, que obscurece a mente, Descartes procurou estabelecer um vínculo entre esses dois ramos da matemática, aproveitando o melhor de ambos e corrigindo os defeitos de um pelo outro. A publicação dessa obra representa o marco inicial da criação da **geometria analítica**.

Para embasar seu trabalho, o filósofo e matemático francês teve de dar contribuições próprias para o desenvolvimento da álgebra. É o caso, por exemplo, do **Princípio da Identidade de Polinômios** – Descartes possivelmente foi o primeiro a utilizá-lo na história da matemática. Cabe mencionar que, em suas contribuições à matemática, não se nota nenhuma preocupação com enunciados e formalismos teóricos. Vale acrescentar ainda que tanto a moderna notação algébrica – o uso das letras x, y e z para indicar variáveis e de a, b, c, ... para indicar constantes ou parâmetros – quanto a notação exponencial para indicar potências foram introduzidas por Descartes na obra citada.

Conceitos algébricos mais sutis, como o de polinômio irredutível, só foram estudados cerca de 250 anos depois, na esteira das transformações profundas por que a álgebra passou na primeira metade do século XIX.

3.2 Anéis de polinômios: definição

Antes de conhecermos um anel de polinômios, precisamos definir o que é um polinômio.

Um polinômio é uma operação algébrica formada por monômios e operadores aritméticos. Em outras palavras, é o nome dado aos termos de uma expressão.

Os termos dos polinômios podem ser caracterizados em:

- **Monômio**: polinômio com apenas um termo, podendo apresentar uma ou mais variáveis e ter parte literal e coeficiente, ou pelo menos um deles.
  Exemplo:
  $4ax^3$

> O número 4 é coeficiente, e o termo ax^3 é a parte literal.

- **Binômio**: polinômio com dois termos, podendo apresentar uma ou mais variáveis e ter parte literal e coeficiente, ou pelo menos um deles.
  Exemplo:
  $2x^2 + 3x$

- **Trinômio**: polinômio com três termos, podendo apresentar uma ou mais variáveis em cada termo.
  Exemplo:
  $4m^3 + m + 2$

- **Polinômio**: nesse caso, também é um polinômio, e há quatro termos ou mais.
  Exemplo:
  $2y^5 + 3y^3 + 8y^2 + y + 2$

- **Polinômio nulo**: os coeficientes são todos iguais a zero (será denotado simplesmente por 0).
  Exemplo:
  $p(x) = 0 + 0x + 0x^2 + 0x^4 + 0x^5 + 0x^6 + ...$

Há casos, ainda, que não são polinômios, como:

$p(x) = x - 2 + 3\sqrt{x}$

Sabendo dessas informações, podemos escrever a função polinomial, ou polinômio, da seguinte forma:

$p(x) = a_n x^n + a_{n-1} x^{n-1} + ... + a_2 x^2 + a_1 x + a_0$

O anel de polinômios é um anel no qual seus elementos são polinômios com coeficientes de um anel qualquer. O processo de resolução de um polinômio é semelhante ao estudado no ensino médio, no entanto devemos nos preocupar com a estrutura do anel. Esse anel pode ser **finito** ou **infinito**, e os exemplos mais importantes são os conjuntos $\mathbb{Z}$, $\mathbb{Q}$, $\mathbb{R}$ ou $\mathbb{C}$.

O anel de polinômios preserva características do anel A. Sendo assim, a função f: A → B será denominada *função polinomial em A* se existirem elementos $a_n, a_{n-1}, ..., a_0$ em A, para qualquer $a_i \in A$ e $n \in \mathbb{N}$, isto é:

$$A[x] = f(x) = a_n x^n + a_{n-1} x^{n-1} + ... + a_2 x^2 + a_1 x + a_0$$

3.3 Operações com anéis de polinômios

Inicialmente, vamos estudar a adição, a subtração e a multiplicação de polinômios e, por fim, a divisão.

3.3.1 Adição e subtração

Dados quaisquer polinômios f e p de um anel A, formados, respectivamente, pelos conjuntos:

$$f(x) = a_0 + a_1 x + a_2 x^2 + ... + a_n x^n \quad e \quad p(x) = b_0 + b_1 x + b_2 x^2 + ... + b_n x^n$$

x é a incógnita.

Devemos somar os termos semelhantes das funções f(x) e p(x) do anel A da mesma forma como era realizado no ensino médio. Temos, então:

Substituímos os elementos dos conjunto s e p.

$f(x) + p(x) = (f + p)(x)$
$= (a_0 + a_1 x + a_2 x^2 + ... + a_n x^n) + (b_0 + b_1 x + b_2 x^2 + ... + b_n x^n)$
$= (a_0 + b_0) + (a_1 x + b_1 x) + (a_2 x^2 + b_2 x^2) + ... + (a_n x^n + b_n x^n)$
$a + b = a_0 b_0 + (a_1 b_1)x + (a_2 b^2)x^2 + ... + (a_n b_n)x^n$

Somamos os termos semelhantes.

Podemos perceber que f + p também é um polinômio em A. Temos, ainda, o elemento nulo, que é o zero anel.

Colocamos em evidência.

Além disso, o simétrico também vale para o polinômio –f, ou seja:

$$-f(x) = -a_0 + (-a_1 x) + (-a_2 x^2) + ... + (-a_n x^n)$$

Nesse sentido, concluímos que a adição é um **grupo abeliano**, com as propriedades descritas no Capítulo 1 desta obra.

Vejamos os exemplos resolvidos a seguir.

1. Sejam duas funções em $\mathbb{Z}$ dadas por $f(x) = 5 + 2x - 2x^2$ e $p(x) = 2 + 8x^4$. Calcule o polinômio resultante.

   Resolução:
   Devemos, primeiramente, encontrar os elementos semelhantes da função:
   $(f + p)(x)$

Assim, podemos escrever:
f(x) + p(x) = (5 + 2x − 2x^2) + (2 + 8x^4)

Devemos somar ou subtrair os termos semelhantes:
f(x) + p(x) = (5 + 2) + (2x + 0) + (−2x^2 + 0) + (0 + 0) x^3 + (0 + 8x^4)

Observação: no caso em que aparece o 0 (zero), significa que na função não há o termo correspondente.

Resposta: Logo, temos como resposta da função (f + p) (x) = f(x) + p(x) = 7 + 2x − 2x^2 + 8x^4.

2. Seja uma função em $\mathbb{Z}_Z$ dada por f(x) = x^6 + x^5 + x^4 + x^3 + x^2 + x + 1, calcule f(0).

Resolução:
Vamos substituir x pelo valor dado na função. Assim, temos:
f(x) = x^6 + x^5 + x^4 + ... + x + 1
f(0) = 0^6 + 0^5 + 0^4 + 0^3 + 0^2 + 0^1 + 1 (Substituímos o valor zero no lugar do x.)

Resposta: f(0) = 1.

3.3.2 Multiplicação

A multiplicação de dois polinômios quaisquer, assim como a adição, tem as propriedades do grupo abeliano. Além disso, valem as propriedades da comutatividade e da associatividade, em que temos 0 e 1 como elementos neutros da função polinomial de adição e de multiplicação, respectivamente, e a propriedade distributiva da multiplicação em relação à adição, uma vez que o conjunto de funções polinomiais é um anel comutativo com unidade.

Imagine dois polinômios quaisquer f e p de um anel A, que são formados pelos conjuntos:

f(x) = a_0 + a_1x + a_2x^2 + ... + a_nx^n
e
p(x) = b_0 + b_1x + b_2x^2 + ... + b_nx^m

Multiplicando essas funções polinomiais, temos:

> Multiplicamos todos os termos.

f(x) · p(x) = (f · p) (x) = (fp) (x)
Assim:
f(x) · p(x) = (a_0 + a_1x + a_2x^2 + ... + a_nx^n) · (b_0 + b_1x + b_2x^2 + ... + b_nx^m)

O resultado é:

$$a_0b_0 + (a_0b_1 + a_1b_0)x + (a_0b_2 + a_1b_1)x_2 + \ldots + (a_nb_n)n + m$$

O exemplo resolvido a seguir tornará mais fácil a compreensão da multiplicação de polinômios.

> **1.** Sejam duas funções em $\mathbb{Z}_\mathbb{Z}$ dadas por $f(x) = 5 + 2x + 2x^2$ e $p(x) = 2 + 8x^4$, encontre o polinômio.
>
> **Resolução:**
> Primeiramente, devemos encontrar os elementos semelhantes da função (fp) (x):
>
> $f(x) \cdot p(x) = (5 + 2x - 2x^2) \cdot (2 + 8x^4)$
>
> $f(x) \cdot p(x) = (5 \cdot 2) + (5 \cdot 8x^4) + (2x \cdot 2) + (2x \cdot 8x^4) + (-2x^2 \cdot 2) + (-2x^2 \cdot 8x^4)$
> $(fp) \cdot (x) = 10 + 40x^4 + 4x + 16x^5 - 4x^2 - 16x^6$
>
> **Resposta:** $(fp)(x) = 10 + 4x - 4x^2 + 40x^4 + 16x^5 - 16x^6$.

Multiplicamos cada termo da f(x) pelos da p(x).

Multiplicamos e aplicamos a regra de sinais[1].

3.4 Igualdade de anéis de polinômios

Dados um anel A e um polinômio $f(x)$ em $A(x)$, tal que $f(x) = a_0 + a_1x + a_2x^2 + a_3x^3 + \ldots + a_nx^n$, com $a_n \neq 0$ e $n \geq 0$, dizemos que o polinômio $f(x)$ tem grau **n** e denotamos grau $(f) = n$.

O coeficiente a_n é chamado de *coeficiente líder* e, quando seu coeficiente é igual a 1, é denominado *polinômio mônico*.

Dessa forma, temos:

$$f(x) = a_0 + a_1x + a_2x^2 + a_3x^3 + \ldots + x^n, a_n = 1$$

---

[1] Relembre a regra de sinais para **adição** e **subtração**: +1 + 1 = +2 / −1 − 1 = −2 (para sinais iguais, somamos e conservamos o sinal); −3 + 1 = −2 / +5 − 1 = +4 (para sinais diferentes, subtraímos e conservamos o sinal do maior número). Agora, a regra para **multiplicação** e **divisão**: +2 · +2 = +4 / −2 · −3 = +6 (para sinais iguais, a resposta será sempre positiva, ou +); +2 · −3 = −6 (para sinais diferentes, a resposta será sempre negativa, ou −). A regra de sinais para a divisão é a mesma utilizada para a multiplicação.

Vejamos os exemplos resolvidos a seguir.

1. Dado o polinômio $f(x) = 1 - 2x + 5x^2 + x^3 \in \mathbb{R}(x)$, analise-o e responda se é um polinômio mônico ou não.

   Resolução:
   Ele tem grau 3, ou seja, gr (f) = 3, e o coeficiente da incógnita em que foi analisado o maior grau, nesse caso, é 1.

   Resposta: Logo, $f(x)$ é um polinômio mônico.

2. Dado o polinômio $f(x) = 5 - 2x + 3x^4 \in \mathbb{R}(x)$, analise-o e responda se é um polinômio mônico ou não.

   Resolução:
   Ele tem grau 4, isto é, gr (f) = 4, e o coeficiente da incógnita em que foi analisado o maior grau é 3.

   Resposta: Logo, $f(x)$ não é um polinômio mônico.

Dados dois polinômios $f(x)$ e $p(x)$ em A[x], que são representados pelos coeficientes:

$$f(x) = a_0 + a_1 x + a_2 x^2 + a_3 x^3 + \ldots + a_n x^n$$
e
$$p(x) = b_0 + b_1 x + b_2 x^2 + b_3 x^3 + \ldots + b_m x^m$$

Dizemos que são iguais quando $f(x) = p(x)$, se $a_i = b_i$, para todos os valores de i, e os graus dos polinômios forem iguais, ou seja, n = m. Então, gr (f) = n e gr (p) = m, em que n = m.

Assim, dizemos que os dois polinômios são iguais se têm o mesmo grau e seus coeficientes correspondentes são iguais.

Observe os exemplos resolvidos a seguir.

1. Verifique se os polinômios $f(x) = 1 + 8x + 3x^2 + 2x^3 \in \mathbb{Z}[x]$ e $p(x) = 1 + 8x - 3x^2 + x^3 \in \mathbb{Z}[x]$ são iguais.

   Resposta: Não são iguais, pois os coeficientes que acompanham x^2 e x^3 são diferentes: $+3 \neq -3$ e $2 \neq 1$.

2. Encontre f(x) = p(x), sabendo que os polinômios são f(x) e p(x) do anel A[x], de forma que haja igualdade entre f(x) = p(x). Dados: f(x) = 3 + 8x + (c + 2) x^2 e p(x) = a + bx + $3x^2$, em que f(x), p(x) ∈ $\mathbb{Z}_6$[x].

Resolução:
Primeiramente, vamos relembrar os elementos do conjunto $\mathbb{Z}_6$, quais sejam (0, 1, 2, 3, 4, 5).
Agora, vamos calcular os coeficientes de x^0, x^1 e x^2.
Coeficiente de x^0:
f(x) = p(x) ↔ **3 = a**
Coeficiente de x^1:
f(x) = p(x) ↔ 8 = b (pela tábua da multiplicação $\mathbb{Z}_6$)
    2 = b
Coeficiente de x^2:
f(x) = p(x) ↔ c + 2 = 3
    c + 2 + 1 = 3 + 1
    c + 0 = 4
    c = 4

Somamos o aditivo 1 em ambos os membros.

Resposta: Substituindo os valores em a, b e c nos polinômios, teremos a igualdade f(x) = p(x).

3.5 Propriedades dos anéis de polinômios

Para Bedoya e Camelier (2010), segundo o Teorema sobre Anéis de Polinômios, um conjunto de polinômios A[x] de um anel A, que é munido das operações de adição e multiplicação de polinômios, é um anel. Nesta obra, não nos aprofundaremos no estudo desse teorema, apenas apresentaremos suas propriedades e respostas.

Assim como os anéis, a adição e a multiplicação de polinômios são operações binárias em A[x] e, por isso, as propriedades de anéis devem ser satisfeitas, nas quais os conjuntos de polinômios f(x), p(x) e h(x) ∈ A[x].

São elas, seguidas de suas respectivas equações:

- A adição de polinômios é associativa:
  [f(x) + p(x)] + h(x) = f(x) + [p(x) + h(x)]

- A adição de polinômios é comutativa:
  f(x) + p(x) = p(x) + f(x)

- O elemento neutro da adição em A[x] é o polinômio nulo:
  $N(x) = 0 + 0x + 0x^2 + 0x^3 + \ldots + 0x^n \in A[x]$

  Assim, temos:
  $f(x) + N(x) = f(x)$

  Observação: o elemento neutro da adição A[x] é o mesmo aditivo em A.
  O polinômio simétrico de $f(x) = f(x) = a_0 + a_1x + a_2x^2 + \ldots + a_nx^n$ é:
  $-f(x) = -a_0 - a_1x - a_2x^2 - \ldots - a_nx^n$
  Logo:
  $f(x) - f(x) = N(x)$

- A multiplicação de polinômios é associativa:
  $[f(x) \cdot p(x)] \cdot h(x) = f(x) \cdot [p(x) \cdot h(x)]$

- A multiplicação de polinômios é comutativa:
  $f(x) \cdot p(x) = p(x) \cdot f(x)$

- O elemento neutro da multiplicação é o polinômio constante $e(x) = 1 \in A[x]$:
  $f(x) \cdot e(x) = f(x)$

- A multiplicação é distributiva em relação à adição:
  $[f(x) + p(x)] \cdot h(x) = f(x) \cdot h(x) + p(x) \cdot h(x)$

Um anel A[x], chamado *anel de polinômio*, preserva características do anel A, tais como:

- temos que $A \subset A[x]$, pois os elementos de A correspondem aos polinômios constantes;
- se o anel A é comutativo, então A[x] também é;
- se o anel A tem unidade, então A[x] também tem (essa unidade é igual nos dois anéis);
- se o anel A é um domínio de integridade, então A[x] também é – lembre-se de que a unidade do anel é o próprio elemento neutro da segunda operação (multiplicação);
- mesmo A sendo um corpo, A[x] não é um corpo.

Vejamos o exemplo resolvido a seguir.

> 1. Dados os polinômios $f(x) = x^2 + 1$, $p(x) = 2x^2 - 1$ e $h(x) = -x + 2$, com coeficientes reais, verifique se satisfazem as propriedades dos anéis.
>
> **Resolução:**
> Vamos iniciar averiguando se os polinômios apresentados safistazem as propriedades vistas anteriormente.

- A adição de polinômio é associativa:
$[f(x) + p(x)] + h(x) = f(x) + [p(x) + h(x)]$

Substituindo os conjuntos de polinômios na primeira equação, temos:
$[f(x) + p(x)] + h(x) = [(x^2 + 1) + (2x^2 - 1)] + (-x + 2)$
$= x^2 + 1 + 2x^2 - 1 - x + 2$
$= 3x^2 - x + 2$

Substituindo os conjuntos na segunda equação, temos:
$f(x) + [p(x) + h(x)] = (x^2 + 1) + [(2x^2 - 1) + (-x + 2)]$
$= x^2 + 1 + 2x^2 - 1 - x + 2$
$= 3x^2 - x + 2$

Resposta 1: A propriedade é associativa.

- A adição de polinômio é comutativa:
$f(x) + p(x) = p(x) + f(x)$

Substituindo os conjuntos de polinômios na primeira parte da equação, temos:
$f(x) + p(x) = (x^2 + 1) + (2x^2 - 1)$
$= x^2 + 1 + 2x^2 - 1$
$= 3x^2$

Substituindo os conjuntos de polinômios na segunda parte da equação, temos:
$p(x) + f(x) = (2x^2 - 1) + (x^2 + 1)$
$= 2x^2 - 1 + x^2 + 1$
$= 3x^2$

Resposta 2: A propriedade é comutativa.

- Propriedade do elemento neutro da adição (o elemento neutro da adição é zero):
$f(x) + 0 = (x^2 + 1) + (0 + 0x + 0x^2)$
$= x^2 + 1$

Resposta 3: $f(x) + 0 = f(x)$ é propriedade do elemento neutro.

Retiramos os parênteses e aplicamos a regra de sinais.

Somamos ou subtraímos os termos iguais.

Retiramos os parênteses e aplicamos a regra de sinais.

Somamos ou subtraímos os termos iguais.

- Propriedade do polinômio simétrico:

$f(x) + (-f(x)) = 0$
$(x^2 + 1) + (-(x^2 + 1)) = 0$
$x^2 + 1 - x^2 - 1 = 0$
$0 = 0$

Resposta 4: O elemento é simétrico.

- A multiplicação de polinômios é associativa:

$[f(x) \cdot p(x)] \cdot h(x) = f(x) \cdot [p(x) \cdot h(x)]$

Substituindo os conjuntos de polinômios na primeira parte da equação, temos:

$[f(x) \cdot p(x)] \cdot h(x) = [(x^2 + 1) \cdot (2x^2 - 1)] \cdot (-x + 2)$
$= (2x^4 - x^2 + 2x^2 - 1) \cdot (-x + 2)$
$= (2x^4 + x^2 - 1) \cdot (-x + 2)$
$= -2x^5 + 4x^4 - x^3 + 2x^2 + x - 2$

> Cada termo de f(x) multiplica p(x).

> Somamos e subtraímos os termos iguais.

> Somamos e subtraímos os termos iguais, organizando a equação.

Substituindo os conjuntos de polinômios na segunda parte da equação, temos:

$f(x) \cdot [p(x) \cdot h(x)] = (x^2 + 1) \cdot [(2x^2 - 1) \cdot (-x + 2)]$
$= (x^2 + 1) \cdot (-2x^3 + 4x^2 + x - 2)$
$= -2x^5 + 4x^4 + x^3 - 2x^2 - 2x^3 + 4x^2 + x - 2$
$= -2x^5 + 4x^4 - x^3 + 2x^2 + x - 2$

Resposta 5: A propriedade é associativa.

- A multiplicação de polinômios é comutativa:

$f(x) \cdot p(x) = p(x) \cdot f(x)$

Substituindo os conjuntos de polinômios na primeira parte da equação, temos:

$f(x) \cdot p(x) = (x^2 + 1) \cdot (2x^2 - 1)$
$= (2x^4 - x^2 + 2x^2 - 1)$
$= 2x^4 + x^2 - 1$

Substituindo os conjuntos de polinômios na segunda parte da equação, temos:

$p(x) \cdot f(x) = (2x^2 - 1) \cdot (x^2 + 1)$
$= (2x^4 + 2x^2 - x^2 - 1)$
$= 2x^4 + x^2 - 1$

Resposta 6: Logo, é comutativa.

- A propriedade é elemento neutro da multiplicação:

    $f(x) \cdot 1 = f(x)$

    $(2x^2 - 1) \cdot 1 = (2x^2 - 1)$

    $(2x^2 - 1) = (2x^2 - 1)$

    Resposta 7: A propriedade é elemento neutro.

- A multiplicação é distributiva em relação à adição:

    $[f(x) + p(x)] \cdot h(x) = f(x) \cdot h(x) + p(x) \cdot h(x)$

    Substituindo os conjuntos de polinômios na primeira parte da equação, temos:

    $[f(x) + p(x)] \cdot h(x) = [(x^2 + 1) + (2x^2 - 1)] \cdot (-x + 2)$
    $= (x^2 + 1 + 2x^2 - 1)(-x + 2)$
    $= (3x^2) + (-x + 2)$
    $= -3x^3 + 6x^2$

    Substituindo os conjuntos de polinômios na segunda parte da equação, temos:

    $f(x) \cdot h(x) + p(x) \cdot h(x) = (x^2 + 1) \cdot (-x + 2) + (2x^2 - 1) \cdot (-x + 2)$
    $= (-x^3 + 2x^2 - x + 2) + (-2x^3 + 4x^2 + x - 2)$
    $= -3x^3 + 6x^2$

    Resposta 8: Logo, é distributiva.

3.6 Divisão de anéis de polinômios

Para a divisão de polinômios, utilizaremos o mesmo método de uma divisão de números naturais (ℕ), em que f(x) é chamado de *dividendo*; p(x), de *divisor*; q(x), de *quociente*; e r(x), de *resto*, como demonstrado a seguir.

$$\begin{array}{r|l} 8 & 5 \\ \hline 3 & 1 \end{array} \rightarrow \begin{array}{r|l} \text{dividendo} \quad a & b \quad \text{divisor} \\ \hline \text{resto} \quad r & q \quad \text{quociente} \end{array}$$

Colocando em forma de equação, temos:

$f(x) = p(x) \cdot q(x) + r(x)$

Se o resto for igual a zero:

$f(x) = p(x) \cdot q(x)$

Ou, de forma esquemática, temos:

$$\begin{array}{c|c} f(x) & p(x) \\ \hline r(x) & q(x) \end{array}$$

Dizemos que o polinômio p(x) divide o polinômio f(x) em A[x], o qual representamos por p(x) | f(x).

Na divisão de polinômios, utilizaremos um algoritmo para calculá-los. Vamos repetir o cálculo inúmeras vezes até encontrarmos uma reposta satisfatória, que nos dará a sequência de polinômios e restos r(x). Isso deve ser feito até que o grau de r(x) seja menor que o grau do polinômio divisor p(x), ou até que r(x) = 0.

Seja uma divisão de polinômios f(x) em A[x], nosso objetivo é encontrar os polinômios p(x) e r(x) que satisfaçam a seguinte equação:

$$f(x) = q(x)\,p(x) + r(x), \text{ com } pr(r(x)) < pr(p(x)) \text{ ou } r(x) = 0$$

A divisão de polinômios pode ser realizada de maneira análoga à divisão de números inteiros ($\mathbb{Z}$).

Para explicar o processo de divisão de polinômios, tomaremos o seguinte exemplo, extraído de Miranda (2016):

$$f(x) = 6x^4 - 10x^3 + 9x^2 + 9x - 5 \text{ e } p(x) = 2x^2 - 4x + 5$$

No entanto, antes de iniciar, precisamos verificar:

- se tanto o **dividendo** quanto o **divisor** estão em ordem, conforme as potências de x;
- se, no **dividendo**, não está faltando nenhum termo; caso esteja, devemos completá-lo.

Feitas as correções, é necessário colocarmos a equação de maneira esquemática para resolver a divisão.

Na equação de polinômios do exemplo a seguir, o dividendo f(x) tem 5 monômios (termos) e o divisor p(x) tem 3 monômios (termos).

$$\begin{array}{c|c} 6x^4 - 10x^3 + 9x^2 + 9x - 5 & 2x^2 - 4x + 5 \end{array}$$

Vamos dividir o primeiro termo do dividendo pelo primeiro termo do divisor, desta forma:

$$6x^4 : 2x^2 = 3x^2$$

O resultado encontrado deverá ser multiplicado pelo polinômio $2x^2 - 4x + 5$ (divisor):

$$(2x^2 - 4x + 5) \cdot (3x^2) = 6x^4 - 12x^3 + 15x^2$$

O que resultar desse produto deverá ser subtraído pelo polinômio $6x^4 - 10x^3 + 9x^2 + 9x - 5$ (dividendo):

$$\begin{array}{r|l} 6x^4 - 10x^3 + 9x^2 + 9x - 5 & 2x^2 - 4x + 5 \\ (-1)\ \underline{6x^4 + 12x^3 - 15x^2)} & 3x^2 \\ 2x^3 - 6x^2 + 9x - 5 & \end{array}$$

Agora, vamos considerar o polinômio $f(x) = 2x^3 - 6x^2 + 9x - 5$ e dividir seu primeiro termo pelo primeiro termo do dividendo $p(x) = 2x^2 - 4x + 5$.

Assim, temos:

$2x^3 : 2x^2 = x$

O resultado encontrado deverá ser multiplicado pelo polinômio $p(x) = 2x^2 - 4x + 5$ (divisor) $(2x^2 - 4x + 5) \cdot (x) = 2x^3 - 4x^2 + 5x$.

O que resultar desse produto deverá ser subtraído novamente pelo polinômio $f(x) = 2x^3 - 6x^2 + 9x - 5$. Utilizando a regra de sinais para colocar os valores de $2x^3 - 4x^2 + 5x$, temos: $-2x^3 + 4x^2 - 5x$.

Assim:

$$\begin{array}{r|l} 6x^4 - 10x^3 + 9x^2 + 9x - 5 & 2x^2 - 4x + 5 \\ (-)\ \underline{(6x^4 + 12x^3 - 15x^2)} & 3x^2 + x \\ 2x^3 - 6x^2 + 9x - 5 & \\ \underline{-2x^3 + 4x^2 - 5x} & \\ 2x^2 + 4x - 5 & \end{array}$$

Agora, vamos considerar o polinômio $-2x^2 + 4x - 5$ e dividir seu primeiro termo pelo primeiro termo do dividendo $(2x^2 - 4x + 5)$.

Deste modo:

$-2x^2 : 2x^2 = -1$

O resultado encontrado será multiplicado pelo polinômio $2x^2 - 4x + 5$ (divisor): $(2x^2 - 4x + 5) \cdot (-1) = -2x^2 + 4x - 5$. O que resultar desse produto deverá ser subtraído pelo polinômio $-2x^2 + 4x - 5$.

Temos, assim:

$$\begin{array}{r|l} 6x^4 - 10x^3 + 9x^2 + 9x - 5 & 2x^2 - 4x + 5 \\ (-)\ \underline{(6x^4 + 12x^3 - 15x^2)} & 3x^2 + x - 1 \\ 2x^3 - 6x^2 + 9x - 5 & \\ \underline{-2x^3 + 4x^2 - 5x} & \\ -2x^2 + 4x - 5 & \\ \underline{+ 2x^2 - 4x + 5 + 5} & \\ 0 & \end{array}$$

Depois de feitos todos esses cálculos, chegamos à conclusão de que a resposta de $f(x) = 6x^4 - 10x^3 + 9x^2 + 9x - 5$ por $p(x) = 2x^2 - 4x + 5$ é **q(x) = 3x² + x − 1**, com resto igual a 0 (zero).

Prova real

Caso deseje verificar se o resultado está correto, você pode utilizar a técnica da **prova real**, que consiste em aplicar a operação inversa. Sendo assim, basta **multiplicar** $q(x) = 3x^2 + x - 1$ por $p(x) = 2x^2 - 4x + 5$ e verificar se a resposta encontrada é $f(x) = 6x^4 - 10x^3 + 9x^2 + 9x - 5$. Nesse caso, como $r(x) = 0$, não é preciso somá-lo ao produto, e $f(x)$ é um polinômio nulo, ou seja, $f(x) = 0$.

Com isso, temos:

$$f(x) = q(x) \cdot p(x) + r(x), \text{ com } r(x) = 0$$

Nesse exemplo, extraído de Bedoya e Camelier (2010), $f(x)$ é um polinômio diferente de zero:

$$f(x) = q(x) \cdot p(x) + r(x), \text{ com } pr(r(x)) < pr(p(x))$$

Nessa divisão, os polinômios são $f(x) = x^5 + 2x^3 + x + 1$ e $p(x) = 2x^3 + 2$:

$$x^5 + 2x^3 + x + 1 \,\big|\, \underline{2x^3 + 2}$$

Montado o esquema da divisão, vamos dividir o primeiro termo do dividendo pelo primeiro termo do divisor:

$$x^5 : 2x^3 = 1/2\, x^2$$

O resultado encontrado será multiplicado pelos polinômios $2x^3 + 2$ (divisor) e $1/2\, x^2$, obtendo-se o seguinte polinômio:

$$(2x^3 + 2) \cdot 1/2\, x^2 = x^5 + x^2$$

O resultado $x^5 + x^2$ desse produto deverá ser subtraído pelo polinômio $x^5 + 2x^3 + x + 1$ (dividendo). Nesse momento, devemos organizar a equação de polinômios. Assim, temos:

$$\begin{array}{rr|l} x^5 + 2x^3 \quad\quad + x + 1 & & 2x^3 + 2 \\ \underline{-x^5 \quad\quad\quad - x^2} & & 1/2\, x^2 \\ 2x^3 - x^2 + x + 1 & & \end{array}$$

Considere o polinômio $f(x) = 2x^3 - x^2 + x + 1$. Vamos dividir seu primeiro termo pelo primeiro termo do dividendo $p(x) = 2x^3 + 2$:

$$2x^3 : 2x^3 = 1$$

O resultado encontrado deverá ser multiplicado pelo polinômio $p(x) = 2x^3 + 2$ (divisor):

$$(2x^3 + 2) \cdot (1) = 2x^3 + 2$$

O que resultar desse produto deverá ser subtraído novamente pelo polinômio $f(x) = 2x^3 - x^2 + x + 1$. Vamos utilizar a regra de sinais para colocar os valores de $-2x^3 + x^2 + x + 1$, o que resultará em $-x^2 + x + 1$.

Então:

$$
\begin{array}{r|l}
x^5 + 2x^3 + x + 1 & 2x^3 + 2 \\
\underline{-x^5 - x^2 } & \overline{1/2\, x^2 + 1} \\
2x^3 - x^2 + x + 1 & \\
\underline{-2x^3 - 2} & \\
-x^2 + x - 1 & \\
\end{array}
$$

Observe que o grau do último polinômio obtido ($-x^2 + x - 1$) é menor que o do polinômio divisor $2x^3 + 2$. Nesse caso, devemos encerrar o processo de divisão, no qual temos como polinômio quociente $q(x) = 1/2\, x^2 + 1$ e como polinômio resto $r(x) = -x^2 + x - 1$.

Assim, podemos resumir o processo de divisão com a seguinte equação:

$$x^5 + 2x^3 + x + 1 = (1/2\, x^2 + 1) \cdot (2x^3 + 2) + (-x^2 + x - 1)$$

ou

$$f(x) = q(x) \cdot p(x) + r(x), \text{ com } \mathrm{pr}(r(x)) < \mathrm{pr}(p(x))$$

3.6.1 Propriedades da divisão de anéis de polinômios

A divisão de anéis de polinômios A[x] tem as propriedades elencadas a seguir.

Dados os polinômios $f(x), p(x), h(x) \in A[x]$ em um anel A:

- $f(x) \mid f(x)$ é reflexiva;
- se $f(x) \mid p(x)$, então $p(x) \mid h(x)$ é transitiva;
- se $f(x) \mid p_1(x)$ e $f(x) \mid p_2(x)$, então $f(x) \mid (p_1(x)h_1(x) + (p_2(x)h_2(x))$, quaisquer que sejam os polinômios $h_1(x) + h_2(x)$.

Sejam dois polinômios $f(x)$ e $p(x)$, pertencentes aos anéis de polinômios A[x], tais que $f(x) \mid p(x)$ e $p(x) \mid f(x)$ são associativas. Logo, podemos dizer que $f(x)$ e $p(x)$ são associados, isto é, $p(x)$ é associado a $f(x)$ e vice-versa.

Vejamos a definição a seguir.

Definição
Sejam A um anel e $f(x), p(x) \in A[x]$ dois polinômios com $p(x)$ não nulo. Dizemos que o polinômio $p(x)$ divide o polinômio $f(x)$ em A[x], caso haja um polinômio $p(x) \in A[x]$, tal que $f(x) = q(x) \cdot p(x)$.

Nesse caso, também dizemos que p(x) é um divisor de f(x), ou que p(x) é um fator de f(x), ou ainda que f(x) é um múltiplo de p(x) em A[x]. Além disso, podemos expressar f(x) como um produto de polinômios entre q(x) e p(x).

Há também a definição descrita a seguir.

> **Definição**
> Sejam A um anel e f(x) ∈ A[x] um polinômio. Dizemos que α ∈ A é uma raiz ou um zero de f(x) em A se f(α) = 0.

O exemplo resolvido na sequência vai ajudá-lo a compreender melhor o estudado.

> 1. Dado o polinômio $f(x) = 2x^5 + x^3 - x^2 - 2 \in \mathbb{Z}$, em que α = 1 é uma raiz em um anel de polinômio A[x] ou um zero de f(x) em $\mathbb{Z}$, verifique se a afirmação é verdadeira.
>
> **Resolução:**
> Temos que:
> $f(x) = 2x^5 + x^3 - x^2 - 2 \rightarrow f(1) = 2 \cdot (1)^5 + (1)^3 - (1)^2 - 2 = 0$
>
> **Resposta:** Assim, podemos dizer que a afirmação é verdadeira.

Observe, agora, a seguinte proposição:

Sejam A um corpo, f(x) ∈ A[x] um polinômio e α ∈ A um escalar. Então, existe um polinômio q(x) ∈ A[x], tal que $f(x) = (x - \alpha) \cdot q(x) + f(\alpha)$.

Para resolver, devemos aplicar o algoritmo da divisão aos polinômios f(x) e p(x) = x − α, no qual existem polinômios q(x), r(x) ∈ A[x], tais que:

$f(x) = q(x) \cdot (x - \alpha) + r(x)$, com pr(r(x)) < pr(x − α) ou r(x) = 0

Como pr(r(x)) < pr(x − α) = 1, segue que pr(r(x)) = 0, ou seja, r(x) é um polinômio constante, digamos, r(x) = b ∈ A.

Então, temos a seguinte igualdade polinomial: $f(x) = q(x) \cdot (x - \alpha) + b$. Substituindo x = α na igualdade anterior, temos:

$f(\alpha) = q(\alpha) \cdot (\alpha - \alpha) + b$
$= 0 + b$
$= b$

Logo:
$f(x) = (x - \alpha) \cdot q(x) + f(\alpha)$

3.6.2 Teorema do Resto

Dado f(x) um polinômio em um anel A, com grau ≥ 1, sabe-se que A é um subanel com unidade do anel de integridade B e c é um elemento de B. Assim, temos que, se o quociente e o resto na divisão de f por x – c em L[x] são, respectivamente, q e r, então:

f(x) = (x – c) · q(x) + r(x),
em que $\alpha(r) < \alpha(x - c) = 1$, se r ≠ 0.
Portanto, se r ≠ 0, então $\alpha(r) = 0$, ou seja, r é constante. Ou seja:
f(c) = (c – c) · q(c) + r(c) = r(c)
Como r é um polinômio constante, então r(c) = r e, portanto, r(c) = f(c).

3.6.3 Algoritmo de Briot-Ruffini

Esse algoritmo é o dispositivo prático utilizado para efetuar a divisão de um polinômio f(x) ≥ 1 por um polinômio do tipo p(x) = x – c, em que o polinômio f(x) é escrito da seguinte maneira:

$f(x) = a_0 + a_1x + a_2x^2 + ... + a_nx^n$

Na divisão de um polinômio f(x) por p(x), primeiramente devemos analisar o polinômio do divisor p(x) e encontrar sua raiz; em seguida, identificar todos os coeficientes numéricos do polinômio dividendo f(x).

Seja uma divisão f(x) e p(x), em que $f(x) = a_0 + a_1x + a_2x^2 + ... + a_nx^n$ e p(x) = x – c. A raiz do polinômio p(x) é dada quando ele é igualado a zero. Portanto, a raiz de p(x) é:

p(x) = x – c → x – c = 0
x = c

Os coeficientes q(x), por sua vez, serão $b_0 + b_1 + b_2x^2 + ... + b_{n-1}x^{n-1}$, que podem ser descritos do seguinte modo:

$q(x) = b_0 + b_1 + b_2x^2 + ... + b_{n-1}x^{n-1}$

Para encontrar o algoritmo de Briot-Ruffini, é necessário obter os coeficientes $b_0, b_1, ..., b_{n-1}$ de q(x) em relação aos coeficientes $a_0, a_1, ..., a_n$. Para isso, precisamos resolver a equação, na qual:

$b_{n-1} = a_n$
$b_{n-2} = b_{n-1} \cdot c + a_{n-1}$
...
$b_1 = b_2 \cdot c + a_2$
$b_0 = b_1 \cdot c + a_1$
$r(x) = b_0 \cdot c + a_0$

Os coeficientes dos polinômios f(x), p(x), q(x) e r(x) podem ser representados utilizando-se o algoritmo de Briot-Ruffini da seguinte forma:

(dividendo) = f(x)	a_n	a_{n-1}	a_{n-2}	...	a_2	a_1	a_0	c	p(x) = (raiz) divisor
(quociente) = q(x)	b_{n-1}	b_{n-2}	...	b_2	b_1	b_0		r	r(x) = (resto)

O primeiro coeficiente q(x) deve ser multiplicado por c e somado com o segundo coeficiente de f(x). O resultado encontrado deve ser colocado abaixo do segundo coeficiente de q(x).

Esse processo deve ser repetido até não existirem mais coeficientes de q(x). O último valor encontrado será o resto da divisão, ou seja, r(x), e os demais valores serão os coeficientes do polinômio quociente q(x) – o último desses valores será o coeficiente da variável, cujo expoente é zero.

3.7 Raízes de anéis de polinômios

Equação polinomial é toda equação da forma f(x) = 0, em que f(x) é um polinômio. Ou seja:

$$f(x) = a_0 + a_1 x + a_2 x^2 + ... + a_n x^n, \text{ de grau n, com } n \geq 1$$

Numa equação polinomial, podemos ter apenas uma raiz, como vimos no exemplo resolvido anteriormente. No entanto, deve ser considerado o número de vezes que o polinômio x – c divide f(x). O elemento c será a raiz de f(x) se, e somente se, (x – c) | f(x) em um anel de polinômio A[x].

Nesse sentido, é possível estabelecermos a definição a seguir.

Definição

Sejam f(x) um polinômio em A e c um elemento de A. Se existe um número natural positivo n, tal que $f(x) = (x - c)^n q_n(x)$, com $q(c) \neq 0$, em que $q_n(x)$ é um polinômio com coeficientes em A e c não é raiz, dizemos que c é uma raiz de multiplicidade[2] n de f(x). Se n > 1, dizemos que c é uma raiz múltipla de f(x).

Nesse sentido, a raiz pode ser simples, quando sua multiplicidade é igual a 1, ou dupla ou tripla, quando sua multiplicidade é igual a 2 ou a 3.

---

[2] Diz respeito a quando um polinômio está na forma fatorada e pode apresentar fatores repetidos.

Observe os exemplos resolvidos a seguir.

1. Seja o polinômio f(x) = $x^3 - 2x^2 + 2x - 1 \in \mathbb{Q}[x]$, podemos dizer que 1 é raiz de f(x)?

    Resolução:
    $f(1) = 1^3 - 2(1)^2 + 2(1) - 1$
    $= 1 - 2 + 2 - 1$
    $= 0$

    Resposta: Portanto, 1 é raiz, e podemos dizer que é uma raiz simples.

2. Determine a multiplicidade de todas as raízes de P(x) = $(x-6)^2 \cdot (x+2)^4 \cdot (x-1)$.

    Resolução:
    $P(x) = (x-6)^2 \cdot (x+2)^4 \cdot (x-1)$ vai se anular quando $(x-6)^2 \cdot (x+2)^4 \cdot (x-1) = 0$.
    Ou seja, para $x_1 = 4$, $x_2 = -1$ e $x_3 = 1$.

    Resposta: Assim, temos que:
    - $x_1 = 6$ de $(x-6)^2$ tem multiplicidade 2;
    - $x_2 = -2$ de $(x+2)^4$ tem multiplicidade 4;
    - $x_3 = 1$ de $(x-1)$ tem multiplicidade 1.

3.7.1 Raízes complexas

Dados um número complexo $z = a + bi$ ($a, b \in \mathbb{R}$ e $b \neq 0$), raiz da equação, e P(x) = 0, de coeficientes reais, temos que $z = a - bi$ também é raiz (Barreto; Silva, 2000).

Há propriedades, ainda, que têm verificação direta, ou seja, não há necessidade de serem provadas. São elas:

- $z = w$ se, e somente se, $\overline{z} = \overline{w}$;
- $\overline{z + w} = \overline{z} + \overline{w}$;
- $\overline{zw} = \overline{z}\,\overline{w}$;
- se z é um número real, então $\overline{z} = z$.

Vamos verificar, agora, o resultado multiplicado pelo quociente. Depois, ao somá-lo com o resto da divisão, obteremos o resultado que satisfaz a equação.

Assim, temos:

$P(x) = (x - a - bi)(x - a + bi) \cdot \boxed{q(x)} + \boxed{p(x) + q(x)}$

onde $\boxed{q(x)}$ é o quociente e $\boxed{p(x)+q(x)}$ é o resto.

$P(x) = (x^2 - 2ax + a^2 + b^2) \cdot q(x) + p(x) + q(x)$

Portanto:
P(a + bi) = 0 + p(a + bi) + q(a + bi) = 0
pa + qa + pbi + qbi = 0
Logo, temos:
p(a + bi) = 0 (equação I)
q(a + bi) = 0 (equação II)
Em (II), p = 0.

Vamos substituir em (I) q = 0, logo q(x) = 0. Podemos concluir, assim, que P(x) = 0 é divisível por (x – a – bi) e por (x – a + bi) e que a – bi é a raiz da equação P(x).

Nesse sentido, é importante termos conhecimento das seguintes observações:

- Se um número complexo da forma z = a + bi (b ≠ 0), com multiplicidade m, for raiz de uma equação polinomial de coeficientes reais, então o conjugado z = a – bi também será raiz dessa equação, com a mesma multiplicidade.
- Uma equação polinomial tem um número par de raízes complexas.
- Uma equação polinomial de grau ímpar admite pelo menos uma raiz real.

Vejamos o exemplo resolvido a seguir.

---

1. Dada a equação polinomial $x^2 - 4x + 5$, encontre suas raízes.

   Resolução:

   Inicialmente, precisamos identificar os valores de a, b e c (coeficientes). Vamos nos certificar, então, de que a equação está no formato mostrado no enunciado, ou seja:

   $ax^2 + bx + c = 0 \rightarrow x^2 - 4x + 5 = 0$

   $a = x^2 = 1$

   Portanto:

   $a = 1$

   $b = -4$

   $c = +5$

   Agora, devemos encontrar a resposta da raiz, representada por:

   $\Delta = b^2 - 4ac \rightarrow (-4)^2 - 4(1) \cdot (5)$

   $\Delta = 16 - 20$

   $\Delta = -4$

   Substituindo na fórmula de Bhaskara, temos:

   $$x = \frac{-b \pm \sqrt{\Delta}}{2a} \rightarrow \frac{-(-4) \pm \sqrt{-4}}{2(1)}$$

   $$x = \frac{4 \pm 2i}{2}$$

> Logo:
>
> $x' = \dfrac{4+2i}{2} \to x' = 2+i$
>
> $x'' = \dfrac{4-2i}{2} \to x'' = 2-i$
>
> **Resposta**: As raízes são $(2+i)$ e $(2-i)$, que podem ser escritas como $V = \{(2+i)$ e $(2-i)\}$.

A multiplicidade da raiz diz respeito a quando um polinômio p(x) está na forma fatorada e pode apresentar fatores repetidos. Generalizando, se x' é raiz de multiplicidade m (m ≥ 1) na equação $p(x) = 0$, então $P(x) = (x - x')^m \cdot q(x)$, sendo $q(x') \neq 0$.

Vejamos, por exemplo, o caso do:

- polinômio $p(x) = x^2 - 4x + 4$: se fatorarmos $p(x) = (x-2)(x-2)$, teremos dois fatores iguais a $(x-2)$, em que 2 é raiz dupla, isto é, de multiplicidade 2;
- polinômio $p(x) = x^3 - 5x^2 + 3x + 9$: se fatorarmos $p(x) = (x-3)(x-3)(x-1)$, teremos dois fatores iguais a $(x-3)$, em que 3 é raiz dupla, ou seja, de multiplicidade 2 e –1, e raiz simples ou de multiciplicidade 1.

3.7.2 Raízes racionais

Para explicar as raízes racionais, também chamadas de *raízes de polinômios com coeficientes complexos*, utilizaremos o **Teorema Fundamental da Álgebra**. Segundo ele, dado um corpo C dos números complexos e $f(x) \in C[x]$, nesse caso, existe um $\alpha \in C$, tal que $f(\alpha) = 0 \to$ admite raiz complexa (Bedoya; Camelier; 2010).

Como consequência, temos que $f(x) = a_0 + a_1 x + a_2 x^2 + ... + a_n x^n$ é um polinômio de coeficiente complexo de grau n ≥ 1. Assim, f(x) tem n raízes complexas $\alpha_1, \alpha_2, ... \alpha_n \in C$, que contam com suas multiplicidades, e f(x) se decompõe em produto de fatores lineares em C[x].

Assim:

$$f(x) = a_n (x - \alpha_1)(x - \alpha_1) ... (x - \alpha^n)$$

As seguintes observações são importantes:

- O Teorema Fundamental da Álgebra garante que todo polinômio não constante de coeficientes complexos tem ao menos uma raiz complexa.
- O Teorema das Raízes Racionais[3], um dos recursos utilizados para encontrar as raízes da equação algébrica, não garante que a equação polinomial tenha raízes, mas permite identificar todas as raízes da equação.

---

3 Nesta obra, não provaremos o Teorema das Raízes Racionais. Caso deseje visualizar sua demonstração, você pode encontrar mais informações em: <http://www.im.ufrj.br/dmm/projeto/projetoc/precalculo/sala/conteudo/capitulos/cap111s4.html>.

- Se $a_n = 1$ e os outros coeficientes são todos inteiros, a equação tem apenas raízes inteiras.
- Se $q = 1$, há raízes racionais, inteiras e divisoras de a_0; a equação polinomial $a_n x^n + a_{n-1} x^{n-1} + a_{n-2} x^{n-2} + \ldots + a^{2 \times 2} + a_{1x} + a^0 = 0$ tem todos os coeficientes a_n inteiros.

O Teorema das Raízes Racionais garante que, se essa equação admite o número racional p/q como raiz (com $p \in \mathbb{Z}$, $q \in \mathbb{Z}^*$ e MDC(p, q) = 1), então a_0 é divisível por p e a_n é divisível por q (Ribeiro, 2016).

3.8 Polinômios irredutíveis

Polinômios irredutíveis são polinômios de grau maior que zero e que não podem ser fatorados em polinômios de graus menores. Podemos dizer que são análogos aos números primos.

Segundo Machado (2011), um polinômio f(x) é **redutível** em um corpo k[x] se existem polinômios g(x) e h(x) com o grau menor ou igual a 1 e menor que o de f(x), tais que f(x) = g(x) h(x). Caso contrário, dizemos que f(x) é **irredutível** em k[x].

Como nem sempre é fácil encontrar g(x) e h(x), então a operação realizada por f(x) = g(x) h(x) deve satisfazer as seguintes propriedades:

- Todo polinômio de grau 1 em k[x] é irredutível.
- Todo polinômio de grau menor ou igual a 3 em k[x] ou é irredutível em k[x] ou tem uma raiz em k[x].
- Sejam f(x) um polinômio em Z[X], $f(x) = a_0 + a_1 x + \ldots + a_n x^n$ e p um número inteiro primo. Se $p \mid a_i$, $0 \leq i \leq n - 1$, p não divide a_n e p^2 não divide a_0, então p(x) é irredutível – esse é o critério de Eisenstein.

Observação: em um anel de integridade, o elemento primo e o elemento irredutível não coincidem.

Esperamos ter transmitido a você um pouco mais de conhecimento sobre os polinômios irredutíveis, aqueles com grau maior que zero e que não podem ser fatorados em polinômios de graus menores.

Síntese

A seguir, apresentamos um esquema com os assuntos mais importantes vistos neste capítulo.

- **Operações com os anéis de polinômios:**
    - Adição: primeiramente, deve-se efetuar a soma dos termos semelhantes.
    $f(x) = 4 + 2x + 7x^2$ e $p(x) = 10 + 3x^2 + 5x^4$
    $f(x) + p(x) = (4 + 2y + 7x^2) + (10 + 3x^2 + 5z^4)$
    $= 14 + 2y + 10 x^2 + 5z^4$

Observação: esse conceito vale também para a subtração.

- **Multiplicação**: multiplica-se cada termo de f(x) (equação 1) por p(x) (equação 2) – no caso de existirem mais de duas equações, devem-se multiplicá-los por todas.

$f(x) = (2x - 1)$ e $p(x) = -7 + 2x^4$

$f(x) \cdot p(x) = (2x - 1) \cdot (-7 + 2x^4)$

$= \underbrace{[2x \cdot (-7)] + (2x \cdot 2x^4)}_{1^{\underline{o}} \text{ termo multiplicando}} + \underbrace{[(-1) \cdot (-7)] + [(-1) \cdot (2x^4)]}_{2^{\underline{o}} \text{ termo multiplicando}}$

Fazendo as operações e aplicando a regra de sinais, temos: $= -14x + 4x^5 + 7 - 2x^4$.
Organizando a equação, temos: $= 7 - 14x - 2x^4 + 4x^5$.

- **Igualdade com anéis de polinômios**: dizemos que os dois polinômios são iguais se eles têm o mesmo grau e seus coeficientes correspondentes são iguais.
- **Propriedades com anéis de polinômios**: os anéis de polinômios gozam das mesmas propriedades de um anel, as quais são apresentadas a seguir.

Propriedades do anel de polinômio

Propriedade da adição:
– Associativa: $[f(x) + p(x)] + h(x) = f(x) + [p(x) + h(x)]$
– Comutativa: $f(x) + p(x) = p(x) + f(x)$
– Elemento neutro: $f(x) + N(x) = f(x)$
– Elemento simétrico: $f(x) + (-f(x)) = N(x)$
Propriedade da multiplicação:
– Associativa: $[f(x) \cdot p(x)] \cdot h(x) = f(x) \cdot [p(x) \cdot h(x)]$
– Comutativa: $f(x) \cdot p(x) = p(x) \cdot f(x)$
– Elemento neutro: $f(x) \cdot p(x) = f(x)$
Propriedade da multiplicação em relação à adição:
– Distributiva: $[f(x) + p(x)] \cdot h(x) = f(x) \cdot h(x) + p(x) \cdot h(x)$

- **Divisão de um anel de polinômio**:

```
dividendo  a | b   divisor         f(x) | p(x)
resto      r   q   quociente   →   r(x)   q(x)
```

Também pode ser expressa na forma de expressão algébrica:

$f(x) = p(x) \cdot q(x) + r(x)$

Se o resto for igual a zero:

$f(x) = p(x) \cdot q(x)$

- **Propriedades da divisão:**
  - $f(x) \mid f(x)$ é reflexiva.
  - Se $f(x) \mid p(x)$ e $p(x) \mid h(x)$, então é transitiva.
  - Se $f(x) \mid p_1(x)$ e $f(x) \mid p_2(x)$, então $f(x) \mid (p_1(x)h_1(x) + p_2(x)h_2(x))$, quaisquer que sejam os polinômios $h_1(x) + h_2(x)$.
  - Dispositivo de Briot-Ruffini:

(dividendo) = f(x)	a_n	a_{n-1}	a_{n-2}	...	a_2	a_1	a_0	c	p(x) = (raiz) divisor
(quociente) = q(x)	b_{n-1}	b_{n-2}	...	b_2	b_1	b_0		r	r(x) = (resto)

- **Raízes do polinômio:**
  - A raiz pode ser simples, quando sua multiplicidade é igual a 1. Exemplo: $x = 1$ de $(x - 1)$.
  - A raiz pode ser dupla ou tripla, quando sua multiplicidade é igual a 2 ou 3. Exemplo: $x_1 = 6$ de $(x - 6)^2$, multiplicidade 2.

- **Raízes complexas:**
  - Número complexo: $z = a + bi$ ($b \neq 0$), com multiplicidade m.
  - Raiz de uma equação polinomial: $\bar{z} = a - bi$, com a mesma multiplicidade. Exemplo: $2 \pm i$.

- **Raízes racionais:**
  - $f(x) = a_0 + a_1 x + a_2 x^2 + ... + a_n x^n$ (grau $n \geq 1$)
  - $f(x) = a_n (x - \alpha_1)(x - \alpha_1) ... (x - \alpha_n)$ (f(x) tem n raízes complexas $\alpha_1, \alpha_2, ..., \alpha_n \in C$.)

- **Teorema das Raízes Racionais:**
  Garante que, se essa equação admite o número racional p/q como raiz (com $p \in \mathbb{Z}$, $q \in \mathbb{Z}^*$ e MDC(p, q) = 1), então a_0 é divisível por p e a_n é divisível por q.

- **Polinômios irredutíveis:**
  São polinômios de grau maior que zero e que não podem ser fatorados em polinômios menores.

- **Critério de Eisenstein:**
  Seja $f(x) = a_n x^n + ... + a_1 x + a_0 \in \mathbb{Z}[x]$, para o qual existe um inteiro primo p, tal que:
  - $p \mid a_0, p \mid a_1, p \mid a_2, ..., p \mid a_{n-1}$;
  - $p - a_n$;
  - $p^2 - a_0$.

Atividades de autoavaliação

1) Sejam as funções $f(x) = (x - 1)$ e $p(x) = (x^2 + 2x - 6) \in A[x]$, resolva a multiplicação dos polinômios e assinale a opção correta:

a. $x^3 + 3x^2 - 4x + 6$.
b. $x^3 + 3x^2 - 8x + 6$
c. $x^3 + x^2 - 8x + 6$.
d. $x^3 + x^2 - 4x + 6$.

2) Dados os polinômios $f(x)$ e $p(x)$ do anel $A[x]$, resolva-os de maneira que haja igualdade entre $f(x) = p(x)$, em que temos $f(x), p(x) \in \mathbb{Z}_4[x]$ para as funções:

$f(x) = 5 + (c + 4) x^2 + 6x$

e

$p(x) = 8x^2 + a + bx$

Quais são os valores de a, b e c para que haja igualdade entre os polinômios $f(x) = p(x)$?

a. $a = 6, b = 2, c = 0$.
b. $a = 5, b = 6, c = 4$.
c. $a = 6, b = 2, c = 8$.
d. $a = 5, b = 2, c = 0$.

Atividades de aprendizagem

Questão para reflexão

1) Usando as faces do material dourado a seguir, encontre a expressão polinomial e classifique-a, sabendo que as faces da área são:

- bloco = $(x \cdot x \cdot x)$
- placa = $(x \cdot x)$
- barra = $(1 \cdot x)$
- cubinho = $(1 \cdot 1)$

a.

b.

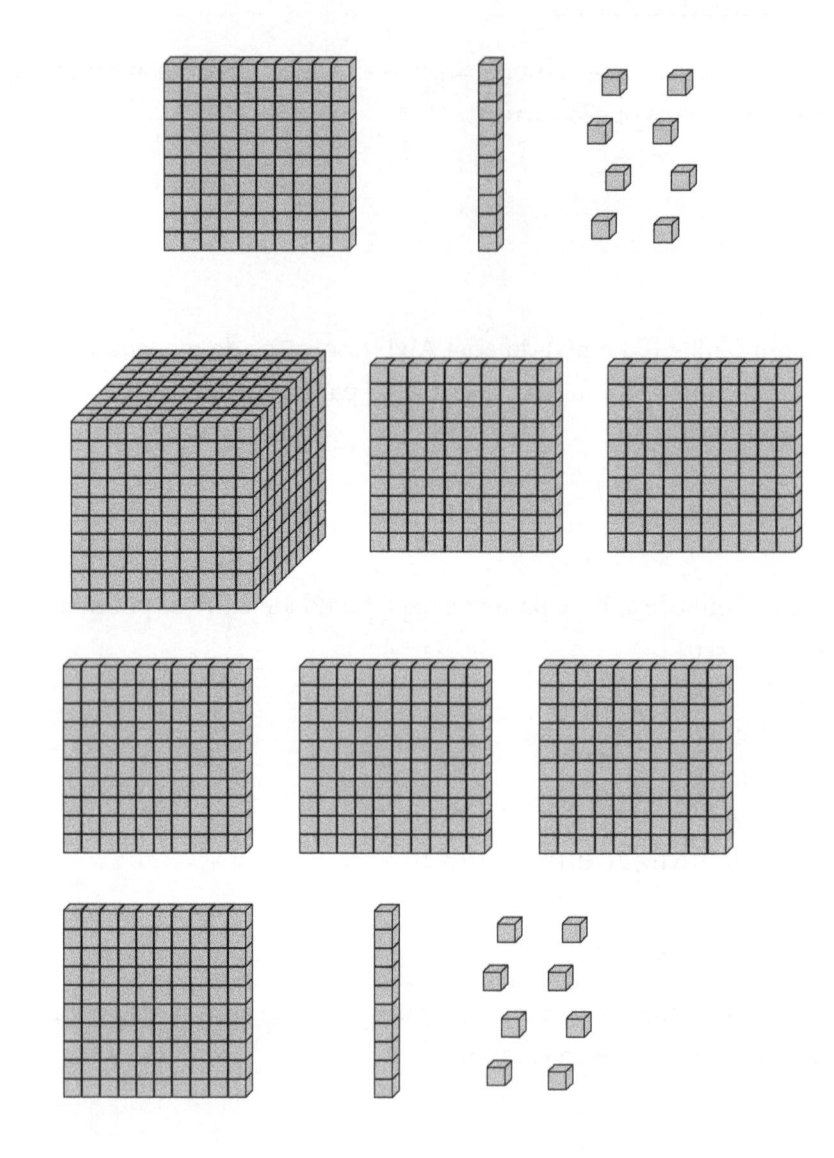

Atividade aplicada: prática

1) Faça uma pesquisa sobre a utilização dos polinômios no cotidiano. Você pode iniciá-la questionando em quais atividades eles podem ser aplicados, por exemplo.

Considerações finais

Nesta obra, os conteúdos foram explicados por meio da linguagem algébrica e, sempre que possível, apresentamos exemplos numéricos, o que facilita a aprendizagem e deixa a álgebra mais interessante de ser estudada. No entanto, o mais importante é que você seja capaz de relacioná-la a exemplos práticos do dia a dia.

Os conteúdos estudados neste material evidenciam a necessidade de ampliarmos e aprofundarmos as discussões sobre eles. Para tanto, é essencial que professores e alunos procurem encontrar explicações e adquirir conhecimentos matemáticos sobre os temas, o que pode ser feito por meio da bibliografia apresentada neste livro e de pesquisas na internet.

Nesse sentido, percebemos que, apesar de muitos alunos sentirem dificuldade nas disciplinas mais abstratas, como a álgebra, é essencial que aprendam e percebam quanto elas são importantes e imprescindíveis para a demonstração de conceitos fundamentais no ensino da Matemática, os quais foram evoluindo ao longo dos anos, sempre com base em conceitos concretos e atividades práticas cotidianas, até chegarem aos dias atuais, em que um cálculo complexo pode ser demonstrado de maneira simples.

Esperamos que você tenha alcançado sucesso em todos os conteúdos vistos nesta obra e que tenhamos despertado seu interesse por essa disciplina tão especial que é a álgebra. Até a próxima!

Lista de símbolos utilizados nesta obra

$\mathbb{N}$ – Conjunto dos números naturais
$\mathbb{Z}$ – Conjunto dos números inteiros
$\mathbb{Q}$ – Conjunto dos números racionais
$\mathbb{I}$ – Conjunto dos números irracionais
$\mathbb{R}$ – Conjunto dos números reais
$\mathbb{C}$ – Conjunto dos números complexos
$\emptyset$ ou { } – Conjunto vazio
$\neq$ – Diferente
$\subset$ – Subconjunto de, está contido
$\cap$ – Interseção
$\in$ – Pertence
$\notin$ – Não pertence ou não é elemento de
$*$ – Operação genérica
$\subseteq$ – Subconjunto de ou igual a
$\forall$ – Para todo, qualquer ou quaisquer
$\exists$ – Existe
$\leq$ – Menor ou igual a
$\geq$ – Maior ou igual a
$>$ – Maior que
$<$ – Menor que
$|x|$ – Módulo de
$\sim$ – Congruente
$\subsetneq$ – Subconjunto de ou diferente de
$\cdot$ – Sinal de vezes ou multiplicação
$+$ – Sinal de mais ou adição
$\rightarrow$ – Implica que (então)
$=$ – Igual
$/$ – Tal que

Referências

ALBUQUERQUE, I. B. de. **Matemática elementar**: conhecendo a temática. Paraíba, 2013. Disponível em: <http://producao.virtual.ufpb.br/books/Inaldo/Exemplo-Livro/livro/livro.pdf>. Acesso em: 17 jun. 2016.

ANDRADE, L. N. de. **Introdução à álgebra**: questões comentadas e resolvidas. João Pessoa, 2014. Disponível em: <http://www.mat.ufpb.br/lenimar/textos/intalgebra_lna.pdf>. Acesso em: 29 jun. 2016.

BARRETO F. B.; SILVA, C. X. da. **Matemática aula por aula**. São Paulo: FTD, 2000.

BAUMGART, J. K. **Tópicos de história da matemática**: álgebra. São Paulo: Atual, 1992.

BEDOYA, H.; CAMELIER, R. Álgebra II. Rio de Janeiro: Fundação Cecierj, 2010.

BLUMAN, A. G. **Pré-álgebra sem mistério**. 2. ed. Rio de Janeiro: Alfa Books, 2013.

BOYER, C. B. **História da matemática**. São Paulo: Edgard Blucher; Edusp, 1974.

DOMINGUES, H. H.; IEZZI, G. **Álgebra moderna**. 4. ed. reform. São Paulo: Atual, 2013.

ENDLER, O. **Teoria dos números algébricos**. Rio de Janeiro: Impa-CNPq, 1986. (Projeto Euclides).

ENGLER, A. J. **Inteiros quadráticos e os grupos de classes**: ainda sobre domínios com fatoração única. Campinas, 2001. Disponível em: <http://www.ime.unicamp.br/~engler/notas4ma673.pdf>. Acesso em: 30 jun. 2016.

EVARISTO, J.; PERDIGÃO, E. **Introdução à álgebra abstrata**. 2. ed. Maceió: Edufal, 2013.

FANTIN, S. As equações polinomiais de grau 2. **Revista Eletrônica do Vestibular**, ano 2, n. 4, 3 ago. 2009. Disponível em: <http://www.revista.vestibular.uerj.br/artigo/artigo.php?seq_artigo=8>. Acesso em: 18 jun. 2016.

FREITAS, L. S. de; GARCIA, A. A. **Matemática passo a passo**: com teorias e exercícios de aplicação. São Paulo: Avercamp, 2011.

GARCIA, A.; LEQUAIN, Y. **Álgebra**: um curso de introdução. Rio de Janeiro: Impa-CNPq, 1988. (Projeto Euclides).

GIOVANNI, J. R.; BONJORNO, J. R.; GIOVANNI Jr., J. R. **Matemática fundamental**. São Paulo: FTD, 1994.

HEFEZ, A. **Curso de álgebra**. 2. ed. Rio de Janeiro: Impa-CNPq, 1993. (Coleção Matemática Universitária, v. 1).

HORBACH, I. C. **O conceito de fatoração única em anéis quadráticos**. Monografia (Graduação em Matemática) – Universidade Federal de Santa Catarina, Joinville, 2012. Disponível em: <http://sistemabu.udesc.br/pergamumweb/vinculos/000000/000000000016/00001665.pdf>. Acesso em: 30 jun. 2016.

HOUAISS, A.; VILLAR, M. de S. **Dicionário eletrônico Houaiss da língua portuguesa**. versão 3.0. Rio de Janeiro: Instituto Antônio Houaiss; Objetiva, 2009. 1 CD-ROM.

HUETTENMUELLER, R. **Álgebra sem mistério**. 2. ed. Rio de Janeiro: Alta Books, 2013.

JANESCH, O. R.; TANEJA, I. J. **Álgebra I**. 2. ed. rev. Florianópolis: FSC/EAD/CED/CFM, 2011. Disponível em: <http://www.joinville.udesc.br/portal/professores/viviane/materiais/_lgebra_I___An_is.pdf>. Acesso em: 30 jun. 2016.

KILHIAN, K. **O algoritmo de Euclides para determinação do MDC**. 12 ago. 2012. Disponível em: <http://obaricentrodamente.blogspot.com.br/2012/08/o-algoritmo-de-euclides-para.html>. Acesso em: 15 jun. 2016.

MACHADO, A. dos S. **Matemática**. São Paulo: Atual, 1988a. (Coleção Temas e Metas: Conjuntos Numéricos e Funções, v. 1).

MACHADO, A. dos S. **Matemática**. São Paulo: Atual, 1988b. (Coleção Temas e Metas: Geometria Analítica e Polinômios, v. 5).

MACHADO, A. **Estruturas algébricas**. 13 jul. 2012. Disponível em: <http://www.andremachado.org/artigos/733/estruturas-algebricas.html>. Acesso em: 17 jun. 2016.

MACHADO, A. **O princípio da boa ordenação**. 26 abr. 2011. Disponível em: <https://www.andremachado.blog.br/2011/04/26/o-principio-da-boa-ordenacao/>. Acesso em: 30 jun. 2016.

MACHADO, T. **Exercícios de máximo divisor comum para concursos**. Rio de Janeiro, 2012. Disponível em: <http://www.calculobasico.com.br/exercicios-para-concursos-maximo-divisor-comum-mdc/>. Acesso em: 18 jun. 2016.

MADEIRA, H. S. **Introdução a teoria de Galois**: uma perspectiva histórica. Universidade Católica de Brasília, Brasília. Disponível em: <https://www.ucb.br/sites/100/103/TCC/22008/HelenSoaresMadeira.pdf>. Acesso em: 18 jun. 2016.

MARQUES, C. M. **Introdução à teoria de anéis**. Belo Horizonte, 1999. Disponível em: <http://www.mat.ufmg.br/~marques/Apostila-Aneis.pdf>. Acesso em: 15 jun. 2016.

MENDES, D. de B. **Uma introdução aos anéis principais e fatoriais**. Monografia (Graduação em Matemática) – Universidade Federal de Santa Catarina, Florianópolis, 2005. Disponível em: <https://repositorio.ufsc.br/bitstream/handle/123456789/96429/Dheleon_de_Barcellos_Mendes.pdf?sequence=1>. Acesso em: 18 jun. 2016.

MILIES, C. P. **Breve história da álgebra abstrata**. Universidade de São Paulo, São Paulo. Disponível em: <http://www.bienasbm.ufba.br/M18.pdf>. Acesso em: 18 jun. 2016.

MIRANDA, D. de. **Divisão de polinômio por polinômio**. Disponível em: <http://www.mundoeducacao.com/matematica/divisao-polinomio-por-polinomio.htm>. Acesso em: 16 jun. 2016.

MORO, M. de O. **Um estudo sobre polinômios**. Monografia (Graduação em Matemática) – Universidade Federal de Santa Catarina, Florianópolis, 2002. Disponível em: <https://repositorio.ufsc.br/bitstream/handle/123456789/97159/Marcelo_Moro.PDF?sequence=1>. Acesso em: 18 jun. 2016.

NEVES, V. L. O. das. et al. **Aulas práticas de matemática**. São Paulo: Ática, 1988. v. 3.

PASQUETTI, C. **Proposta de aprendizagem de polinômios através de materiais concretos.** Monografia (Graduação em Matemática) – Universidade Regional Integrada do Alto Uruguai e das Missões, Erechim, 2008.

PEREIRA, C. L. et al. A álgebra no cubo mágico. In: SEMANA DA MATEMÁTICA, 18., 2006, São José do Rio Preto. **Anais...** Disponível em: <http://www.mat.ibilce.unesp.br/XVIIISemat/Mini-Cursos/TEXTOS/MT4.pdf>. Acesso em: 19 jun. 2016.

PICADO, J. **Corpos e equações algébricas**. Universidade de Coimbra, Coimbra, 2011. Disponível em: <http://arquivoescolar.org/bitstream/arquivo-e/124/1/CEA.pdf>. Acesso em: 19 jun. 2016.

PIMENTEL, E. **Álgebra A**: anéis. Universidade Federal de Minas Gerais – UFMG, Belo Horizonte, jul. 2010. Disponível em: <http://www.mat.ufmg.br/~elaine/AlgebraA/Aneis.pdf>. Acesso em: 19 jun. 2016.

PROF. JOSIMAR. **Exercícios resolvidos**: MDC. Matemática para concursos, 2013. Disponível em: <http://www.profjosimar.com.br/2013/08/exercicios-resolvidos-mdc.html>. Acesso em: 18 jun. 2016.

QUEIROZ, I. R. **Álgebra**. Universidade Castelo Branco, Rio de Janeiro, 2009. Disponível em: <http://ucbweb.castelobranco.br/webcaf/arquivos/matematica/6_periodo/algebra.pdf>. Acesso em: 19 jun. 2016.

RABONI, E. A. R. S. **Saberes profissionais do professor de matemática**: focalizando o professor e a álgebra no ensino fundamental. Dissertação (Mestrado em Educação) – Universidade Estadual Paulista, Presidente Prudente, 2004. Disponível em: <http://www2.fct.unesp.br/pos/educacao/teses/edmea.pdf>. Acesso em: 19 jun. 2016.

RIBEIRO, A. G. **Teorema das raízes racionais**. Disponível em: <http://www.brasilescola.com/matematica/teorema-das-raizes-racionais.htm>. Acesso em: 17 jun. 2016.

RICOU, M.; FERNANDES, R. L. **Introdução à álgebra**. Lisboa: IST Press, 2004.

ROONEY, A. **A história da matemática**: desde a criação das pirâmides até a exploração do infinito. São Paulo: Makron Books do Brasil, 2012.

SAMPAIO, J. C. V. **Primeiros conceitos da teoria dos anéis**. Universidade Federal de São Carlos, São Paulo. Disponível em: <http://www.dm.ufscar.br/profs/sampaio/Ea2cap1_02.pdf>. Acesso em: 29 maio 2016.

SILVA, M. N. P. da. **Conjunto dos números complexos**. Disponível em: <http://www.brasilescola.com/matematica/conjunto-dos-numeros-complexos.htm>. Acesso em: 19 jun. 2016.

SILVA, S. M. da; SILVA, E. M. da. **Matemática básica para cursos superiores**. São Paulo: Atlas, 2015.

SPIEGEL, M. R.; MOYER, R. E. **Álgebra I**. 3. ed. Porto Alegre: Bookman, 2015.

STERLING, M. J. **1001 problemas de álgebra I para leigos**. Rio de Janeiro: Alta Books, 2015.

STERLING, M. J. **Álgebra I para leigos**. Rio de Janeiro: Alta Books, 2008.

STERLING, M. J. **Álgebra II para leigos**. Rio de Janeiro: Alta Books, 2013.

TENGAN, E. **Álgebra comutativa**: um *tour* ao redor dos anéis comutativos. Universidade de São Paulo, São Paulo, 2011. Disponível em: <http://www.icmc.usp.br/~hborges/commutative_algebra_files/commutative-algebra.pdf>. Acesso em: 19 jun. 2016.

WAGNER, A.; BASTOS, G. T. **Exemplo de um anel de ideais principais que não é um anel euclidiano**. Monografia (Graduação em Matemática) – Universidade Estadual de Campinas, Campinas, 2013. Disponível em: <http://www.ime.unicamp.br/~ftorres/ENSINO/MONOGRAFIAS/GA_M2_2013.pdf>. Acesso em: 15 jun. 2016.

Bibliografia comentada

DOMINGUES, H. H.; IEZZI, G. **Álgebra moderna**. 4. ed. reform. São Paulo: Atual, 2013.

Apresenta várias proposições, teoremas e axiomas sobre os conteúdos vistos neste livro. Contempla diversos exemplos algébricos e, apesar do inevitável simbolismo, traz uma linguagem mais leve e com exemplos numéricos, o que facilita a compreensão dos conteúdos. Além disso, oferece ao leitor uma variedade de exercícios sobre os temas estudados.

EVARISTO, J.; PERDIGÃO, E. **Introdução à álgebra abstrata**. 2. ed. Maceió: Edufal, 2013.

Apresenta a construção dos conjuntos numéricos dos números naturais, inteiros, racionais e reais. Além disso, estuda as estruturas algébricas anéis e corpos, as diferentes propriedades dos números inteiros e algumas aplicações da álgebra abstrata à informática. Como complemento, os autores expõem, de forma clara e com naturalidade, exercícios de conteúdo complexo, relacionando-os a atividades cotidianas.

STERLING, M. J. **Álgebra I para leigos**. Rio de Janeiro: Alta Books, 2008.

É um guia "amigável" que explica os conteúdos de maneira fácil e divertida, o que torna o aprendizado da álgebra mais interessante. Nessa obra, além de explicações sobre assuntos como fatoração, polinômios, equações de segundo grau e conjuntos, você encontrará vários exercícios para testar seus conhecimentos.

Respostas

CAPÍTULO 1

Atividades de autoavaliação

1) Resolvendo o exercício com as propriedades do anel, temos:
- Propriedades da adição:
    - Associatividade: $\forall\ x, y, z \in \mathbb{R}$, temos $x + (y + z) = (x + y) + z$.
    - Comutatividade: $\forall\ x, y \in \mathbb{R}$, temos $x + y = y + x$.
    - Existência do elemento neutro (nesse caso, usaremos o zero): $\forall\ x \in \mathbb{R}$, temos $x + 0 = 0 + x = x$.
    - Existência do elemento simétrico: dado $x \in \mathbb{R}$, existe $(-x) \in \mathbb{R}$, tal que $x + (-x) = (-x) + x = 0$.
- Propriedades da multiplicação:
    - Associatividade: $\forall\ x, y\ z \in \mathbb{R}$, temos $x \cdot (y \cdot z) = (x \cdot y) \cdot z$.
    - Comutatividade: $\forall\ x, y \in \mathbb{R}$, temos $x \cdot y = y \cdot x$.
    - Existência do elemento neutro: $\forall\ x \in \mathbb{R}$, temos $x \cdot 0 = 0 \cdot x = 0$.
    - Distributiva da multiplicação em relação à adição: $\forall\ x, y, z \in \mathbb{R}$, temos $x \cdot (y + z) = x \cdot y + x \cdot z$.

Resposta: Após satisfazer os axiomas, verificamos que o conjunto dos números reais ($\mathbb{R}$) é um anel.

2) Resposta: d.

Chegaremos à resposta por meio das propriedades do anel.
- Associatividade: $a + (b + c) = (a + b) + c$

    Utilizando os números $\frac{2}{5}$, $\frac{1}{3}$ e 2, que pertencem ao conjunto $\mathbb{Q}$, temos:

    $$\frac{2}{5} + \left(\frac{1}{3} + 2\right) = \left(\frac{2}{5} + \frac{1}{3}\right) + 2$$

    $$\frac{2}{5} + \frac{7}{3} = \left(\frac{6+5}{15}\right) + 2$$

    $$\frac{6+35}{15} = \frac{11+30}{15}$$

    $$\frac{41}{15} = \frac{41}{15}$$

    Os resultados obtidos em ambos os lados são iguais. Com isso, comprovamos a veracidade do axioma.

- Comutatividade: $a + b = b + a$

    Para $\frac{2}{5}, \frac{1}{3} \in \mathbb{Q}$, temos:

    $$\frac{2}{5} + \frac{1}{3} = \frac{1}{3} + \frac{2}{5} \rightarrow \frac{6+5}{15} = \frac{5+6}{15} \rightarrow \frac{11}{15} = \frac{11}{15}$$

    O resultado satisfaz a equação, pois ambos os lados têm resultados iguais.

- Existência do elemento neutro: $a + 0 = 0$

  Para $\frac{2}{5} \in \mathbb{Q}$, temos:

  $\frac{2}{5} + 0 = 0 + \frac{2}{5}$ (0 é o elemento neutro)

  $\frac{2}{5} = \frac{2}{5}$

  Novamente, o resultado satisfaz a equação.

- Existência do elemento simétrico: $a + (-a) = 0$

  Dado $\frac{2}{5} \in \mathbb{Q}$, existe $\left(-\frac{2}{5}\right)$ que pertence a $\mathbb{Q}$, tal que:

  $\frac{2}{5} + \left(-\frac{2}{5}\right) = \left(-\frac{2}{5}\right) + \frac{2}{5}$

  $\frac{2}{5} - \frac{2}{5} = -\frac{2}{5} + \frac{2}{5}$

  $0 = 0$

  O resultado também satisfaz a equação.

- Associatividade: $a \cdot (b \cdot c) = (a \cdot b) \cdot c$

  Para $\frac{2}{5}, \frac{1}{3}, 2 \in \mathbb{Q}$, temos:

  $\frac{2}{5} \cdot \left(\frac{1}{3} \cdot 2\right) = \left(\frac{2}{5} \cdot \frac{1}{3}\right) \cdot 2$

  $\frac{2}{5} \cdot \frac{2}{3} = \frac{2}{15} \cdot 2$

  $\frac{4}{15} = \frac{4}{15}$

  Logo, obtivemos o mesmo resultado em ambos os lados.

- Distributiva da multiplicação em relação à adição: $a(b + c) = ab + ac$ e $(a + b)c = ac + bc$

  Para $\frac{2}{5}, \frac{1}{3}, 2 \in \mathbb{Q}$, temos:

  $\frac{2}{5} \cdot \left(\frac{1}{3} + 2\right) = \frac{2}{5} \cdot \frac{1}{3} + \frac{2}{5} \cdot 2$

  $\frac{2}{5} \cdot \frac{7}{3} = \frac{2}{15} + \frac{4}{5}$

  $\frac{4}{15} = \frac{4}{15}$

Ao utilizarmos os números, encontramos, em ambos os lados da igualdade, o mesmo valor no término de cada axioma. Concluímos, então, que o conjunto dos números racionais ($\mathbb{Q}$) é um anel.

3) Resposta: c.

Utilizando as propriedades de subanel, substituiremos os elementos do conjunto $\mathbb{Z}_4$:

Adição em $\mathbb{Z}_4$				
+	0	1	2	3
0	0	1	2	3
1	1	2	3	0
2	2	3	0	1
3	3	0	1	0

Multiplicação em $\mathbb{Z}_4$				
*	0	1	2	3
0	0	0	0	0
1	0	1	2	3
2	0	2	0	2
3	0	3	2	1

Vamos verificar o conjunto $S_1 = \{0, 2\}$. Substituindo na equação $x - y$ e fazendo a associativa, temos:

Fixo 0 para x:

$x - y = 0 - 0 = 0 + 0 = 0 \in B$

$ = 0 - 2 = 0 + 2 = 2 \in B$

Fixo 2 para x:

$x - y = 2 - 0 = 2 + 0 = 2 \in B$

$ = 2 - 2 = 2 + 2 = 0 \in B$

Portanto, a primeira condição de anel foi satisfeita, logo $x - y \in B \to S_1 = \{0, 2\}$.

Na segunda parte, temos de substituir na equação $x \cdot y$, $\forall\, x, y \in B$.

Fixo 0 para x:

$x \cdot y = 0 \cdot 0 = 0 \in B$

$ = 0 \cdot 2 = 0 \in B$

Fixo 2 para x:

$x \cdot y = 2 \cdot 0 = 0 \in B$

$ = 2 \cdot 2 = 0 \in B$

Logo, $S_1 = \{0, 2\}$ é subanel do anel $\mathbb{Z}_4$.

4) Resposta: b.

Utilizando as propriedades de subanel, substituiremos os elementos do conjunto 6:

Adição em $\mathbb{Z}_6$						
+	0	1	2	3	4	5
0	0	1	2	3	4	5
1	1	2	3	4	5	0
2	2	3	4	5	0	1
3	3	4	5	0	1	2
4	4	5	0	1	2	3
5	5	0	1	2	3	4

Multiplicação em $\mathbb{Z}_6$						
*	0	1	2	3	4	5
0	0	0	0	0	0	0
1	0	1	2	3	4	5
2	0	2	4	0	2	4
3	0	3	0	3	0	3
4	0	4	2	0	4	2
5	0	5	4	3	2	1

Vamos verificar os conjuntos $S_1 = \{0, 2, 4\}$ e $S_2 = \{0, 3\}$. Substituindo na equação $x - y$ e fazendo a associativa, temos:

$x - y$ pertence a B, primeiramente para o conjunto S_1.

Fixo 0 para x:

$x - y = 0 - 0 = 0 + 0 = 0 \in B$
$ = 0 - 2 = 0 + 4 = 0 \in B$
$ = 0 - 4 = 0 + 4 = 0 \in B$

Fixo 2 para x:

$x - y = 2 - 0 = 2 + 0 = 2 \in B$
$ = 2 - 2 = 2 + 2 = 4 \in B$
$ = 2 - 4 = 2 + 4 = 0 \in B$

Fixo 4 para x:

$x - y = 4 - 0 = 4 + 0 = 4 \in B$
$ = 4 - 2 = 4 + 2 = 0 \in B$
$ = 4 - 4 = 4 + 4 = 2 \in B$

Portanto, a primeira condição de anel foi satisfeita, logo $S_1 = \{0, 2, 4\} \rightarrow x - y \in B$.

Na segunda parte, vamos aplicar a propriedade distributiva na equação $x \cdot y$, que pertence a B.

Fixo 0 para x:

$x \cdot y = 0 \cdot 0 = 0 \in B$
$ = 0 \cdot 2 = 0 \in B$
$ = 0 \cdot 4 = 0 \in B$

Fixo 2 para x:

$x \cdot y = 2 \cdot 0 = 0 \in B$
$ = 2 \cdot 2 = 4 \in B$
$ = 2 \cdot 4 = 2 \in B$

Fixo 4 para x:

$x \cdot y = 4 \cdot 0 = 0 \in B$
$ = 4 \cdot 2 = 2 \in B$
$ = 4 \cdot 4 = 4 \in B$

Logo $S_1 = \{0, 2, 4\}$.

Agora, vamos analisar $S_2 = \{0, 3\}$.

$x - y$, $\forall\ x, y \in B$, primeiramente para o conjunto S_2.

Fixo 0 para x:

$x - y = 0 - 0 = 0 + 0 = 0 \in B$
$ = 0 - 3 = 0 + 3 = 0 \in B$

Fixo 3 para x:

$x - y = 3 - 0 = 3 + 0 = 3 \in B$
$ = 3 - 3 = 3 + 3 = 0 \in B$

A primeira condição de anel foi satisfeita, logo $S_2 = \{0, 3\} \rightarrow x - y \in B$.

Na segunda parte, aplicamos a propriedade distributiva na equação $x \cdot y \in B$.

Fixo 0 para x:

$x \cdot y = 0 \cdot 0 = 0 \in B$
$ = 0 \cdot 3 = 0 \in B$

Fixo 3 para x:

$x \cdot y = 3 \cdot 0 = 0 \in B$
$ = 3 \cdot 3 = 0 \in B$

Logo, $S_2 = \{0, 3\}$ é um subanel.

Concluímos, portanto, que $S_1 = \{0, 2, 4\}$ e $S_2 = \{0, 3\}$ são subanéis do anel $\mathbb{Z}_6$.

5) Resposta: a.

Na equação $E_1 = 5 \cdot (2a - b) = 10a + (-5b)$, como hipótese, utilizaremos a propriedade distributiva da multiplicação em relação à adição: $a \cdot (b + c) = ab + ac$. Percebemos, assim, que $5 \cdot (2a - b) = 10a + (-5b)$ são iguais. Logo, $5 \cdot (2a - b) = 10a + (-5b) \sim a \cdot (b + c) = ab + ac$ e, portanto, a propriedade usada foi a distributiva da multiplicação em relação à adição.

Na equação $E_2 = 7a - 4b = -4b + 7a$, usaremos a propriedade comutativa da adição como hipótese: $a + b = b + a$ e veremos que são iguais. Logo, $E_2 = 7a - 4b = -4b + 7a \sim a + b = b + a$. Assim, podemos dizer que a equação E_2 usou a propriedade comutativa da adição.

Na equação $E_3 = 3a \cdot (4b \cdot 2c) = (3a \cdot 4b) \cdot 2c$, vamos utilizar como hipótese a propriedade de associação: $a \cdot (b \cdot c) = (a \cdot b) \cdot c$. Por meio dela, perceberemos que $3a \cdot (4b \cdot 2c) = (3a \cdot 4b) \cdot 2c \sim a \cdot (b \cdot c) = (a \cdot b) \cdot c$ são iguais e, assim, temos que a propriedade usada foi a associativa da multiplicação.

Na equação E_4, vamos supor a propriedade de elemento neutro, na qual temos $a \cdot 1/a = 1$. Se aplicarmos na $E_4 = a \cdot \sqrt{2} = \sqrt{2}$, teremos $a = \sqrt{2} \cdot 1/\sqrt{2}$. Logo, $a = 1$. Assim, concluímos que E_4 utilizou a propriedade do elemento neutro.

6) Resposta: d.

Utilizaremos as tábuas de adição e multiplicação $\mathbb{Z}_7$.

Adição em $\mathbb{Z}_7$							
+	0	1	2	3	4	5	6
0	0	1	2	3	4	5	6
1	1	2	3	4	5	6	0
2	2	3	4	5	6	0	1
3	3	4	5	6	0	1	2
4	4	5	6	0	1	2	3
5	5	6	0	1	2	3	4
6	6	0	1	2	3	4	5

Multiplicação em $\mathbb{Z}_7$							
*	0	1	2	3	4	5	6
0	0	0	0	0	0	0	0
1	0	1	2	3	4	5	6
2	0	2	4	6	1	3	5
3	0	3	6	2	5	1	4
4	0	4	1	5	2	6	3
5	0	5	3	1	6	4	2
6	0	6	5	4	3	2	1

Primeiramente, vamos verificar se $\mathbb{Z}_7$ é corpo. Sabemos que todo p será corpo se $\mathbb{Z}_p$ for primo. Assim, temos p = 7. Logo, 7 é número primo e, consequentemente, $\mathbb{Z}_7$ é corpo.

Agora, vamos verificar se $\mathbb{Z}_7$ é domínio de integridade. Observando a tábua de multiplicação, vemos que o produto entre dois fatores quaisquer não é 0 (zero). Por definição, temos que os divisores são 0 (zero) quando a · b = 0, então a = 0 ou b = 0. Portanto, $\mathbb{Z}_7$ é domínio de integridade.

Verificaremos, neste momento, se $\mathbb{Z}_7$ é um anel comutativo com identidade. Pela definição estudada, sabemos que um domínio de integridade é um anel comutativo com identidade sem divisores de zero. Logo, 7 é um anel comutativo com identidade.

Vamos analisar, então, se é um anel finito. Sabemos que temos um anel finito quando há um conjunto A que pode ser chamado de *anel A finito*, cujos elementos também são finitos. Como se trata de anel dos números inteiros ($\mathbb{Z}$), temos que $\mathbb{Z}_7$ é um anel finito, assim como seus elementos.

Atividades de aprendizagem

Atividade aplicada: prática

1) Nosso conjunto pode ser escrito da seguinte forma: $I_{15} = \{1, 2, 3, 4, 5, 6, 7, 8, 9, 10, 11, 12, 13, 14, 15\}$.

Primeiramente, precisamos verificar se as propriedades de adição e multiplicação serão satisfeitas.

Temos reuniões no terceiro dia, e a próxima será 5 dias após a primeira. As reuniões serão nos dias 3, 5, 8, 11 e 14, para fecharmos a quinzena.

Assim:

$3 + 5 = 8$

$3 + 8 = 11$

$3 + 11 = 14$

Adição em I_{15}															
+	1	2	3	4	5	6	7	8	9	10	11	12	13	14	15
1	2	3	4	5	6	7	8	9	10	11	12	13	14	0	1
2	3	4	5	6	7	8	9	10	11	12	13	14	0	1	2
3	4	5	6	7	8	9	10	11	12	13	14	0	1	2	3
4	5	6	7	8	9	10	11	12	13	14	0	1	2	3	4
5	6	7	8	9	10	11	12	13	14	0	1	2	3	4	5
6	7	8	9	10	11	12	13	14	0	1	2	3	4	5	6
7	8	9	10	11	12	13	14	0	1	2	3	4	5	6	7
8	9	10	11	12	13	14	0	1	2	3	4	5	6	7	8
9	10	11	12	13	14	0	1	2	3	4	5	6	7	8	9
10	11	12	13	14	0	1	2	3	4	5	6	7	8	9	10
11	12	13	14	0	1	2	3	4	5	6	7	8	9	10	11
12	13	14	0	1	2	3	4	5	6	7	8	9	10	11	12
13	14	0	1	2	3	4	5	6	7	8	9	10	11	12	13
14	0	1	2	3	4	5	6	7	8	9	10	11	12	13	14
15	1	2	3	4	5	6	7	8	9	10	11	12	13	14	0

Multiplicação em I_{15}															
*	1	2	3	4	5	6	7	8	9	10	11	12	13	14	15
1	1	2	3	4	5	6	7	8	9	10	11	12	13	14	0
2	2	4	6	8	10	12	14	1	3	5	7	9	11	13	0
3	3	6	9	12	0	3	6	9	12	0	3	6	9	12	0
4	4	8	12	1	5	9	13	2	6	10	14	3	7	11	0
5	5	10	0	5	10	0	5	10	0	5	10	0	5	10	0
6	6	12	3	9	0	6	12	3	9	0	6	12	3	9	0
7	7	14	6	13	5	12	4	11	3	10	2	9	1	8	0
8	8	1	9	2	10	3	11	4	12	5	13	6	14	7	0
9	9	3	12	6	0	9	3	12	6	0	9	3	12	6	0
10	10	5	0	10	5	0	10	5	0	10	5	0	10	5	0
11	11	7	3	14	10	6	2	13	9	5	1	12	8	4	0
12	12	9	6	3	0	12	9	6	3	0	12	9	6	3	0
13	13	11	9	7	5	3	1	14	12	10	8	6	3	2	0
14	14	13	12	11	10	9	8	7	6	5	4	3	2	1	0
15	0	0	0	0	0	0	0	0	0	0	0	0	0	0	0

Explicando de forma natural que as propriedades de adição e multiplicação satisfazem as igualdades, tomemos um valor aleatório nas tábuas como exemplo.

Assim:

$(7 + 3) + 8 = 10 + 8 = 3$

$7 + (3 + 8) = 7 + 11 = 3$

que

$(7 \cdot 3) \cdot 4 = 6 \cdot 4 = 9$

$7 \cdot (3 \cdot 4) = 7 \cdot 12 = 9$

e que

$7 \cdot (2 + 3) = 7 \cdot 5 = 5$

$7 \cdot 2 + 7 \cdot 3 = 14 + 6 = 5$

Por meio dos exemplos, conseguimos satisfazer as propriedades comutativa, associativa e distributiva.

Verificaremos, agora, se existe elemento neutro da adição.

Temos que um elemento qualquer $a + 15 = a$, ou seja, $15 = 0$. Logo, podemos dizer que 0 é o elemento neutro da adição.

Vamos encontrar o elemento neutro da multiplicação.

Supondo que $a \cdot 1 = a$, temos, então, que 1 é o elemento neutro da multiplicação.

Vejamos, agora, se existe elemento simétrico. O simétrico de 1 é 14, o de 2 é 13, o de 3 é 12, e assim por diante.

Concluímos, portanto, as propriedades de adição, de multiplicação e distributiva da multiplicação em relação à adição, comprovando que se trata de um anel.

**Para verificarmos se ele é um domínio de integridade, vamos analisar a tábua de multiplicação e ver se existe um produto de dois elementos não nulos que seja igual a zero. Temos que $3 \cdot 5 = 0$ e $3 \cdot 10 = 0$. Assim, chegamos à conclusão de que não é um domínio de integridade.

CAPÍTULO 2

Atividades de autoavaliação

1) Resposta: d.

a e b serão divisores de zero em $\mathbb{Z}_8$ se eles forem nulos e a · b = 0, ou seja, a · b = 0 → a · b é múltiplo de 8 → a, b ∈ {2, 4, 6}, um conjunto formado por divisores de 8 e seus múltiplos maiores do que 1 e menores do que 8. Portanto, os divisores de zero em $\mathbb{Z}_8$ são 2, 4 e 6.

2) Resposta: d.
Devemos calcular o MDC(1500, 70). Nesse caso, a = 1500 e b = 70.

Quociente	q_1	q_2	q_3	...	q_{n-2}	q_{n-1}	q_n
a	b	r_1	r_2	...	r_{n-2}	r_{n-1}	r_n
Resto	r_1	r_2	r_3	...	r_{n-1}	r_n	0

Dividimos a por b:

1500 | 70
10   21

30

Assim, temos que $q_1 = 21$ e $r_1 = 30$. Vamos inserir esses valores na grade:

Quociente	21
1500	70
Resto	30

Agora, dividimos 70 por 30:

70 | 30
10   2

Assim, temos que $q_2 = 2$ e $r_2 = 10$. Vamos inserir esses valores na grade:

Quociente	21	2
1500	70	30
Resto	30	10

Agora, dividimos 30 por 10:

30 | 10
00   3

Logo, temos que $q_3 = 2$ e $r_3 = 0$. Inserimos esses valores na grade:

Quociente	21	2	3
1500	70	30	**10**
Resto	30	10	0

Como obtivemos um resto igual a zero, o MDC procurado é o último r_n não nulo. Portanto, MDC(1500, 70) = 10.

3) Resposta: a.

Vamos verificar, primeiramente, a operação de adição da função:

$$\begin{pmatrix} a & -b \\ b & a \end{pmatrix} = \begin{pmatrix} a' & -b' \\ b' & a' \end{pmatrix} = \begin{pmatrix} a+a' & -b-b' \\ b+b' & a-a' \end{pmatrix}$$

Ou seja:

f(a + ib) + f(a' + ib') = f((a + ib) + (a' + ib'))

Na multiplicação, temos um resultado análogo:

$$\begin{pmatrix} a & -b \\ b & a \end{pmatrix} = \begin{pmatrix} a' & -b' \\ b' & a' \end{pmatrix} = \begin{pmatrix} aa'-bb' & -(ab'+a'b) \\ ab'+a'b & aa'+bb' \end{pmatrix}$$

Isto é:

f(a + ib) + f(a' + ib') = f((a + ib) (a' + ib'))

Concluímos, assim, que se trata de um homomorfismo de anéis.

Atividades de aprendizagem

Questões para reflexão

1) Temos de calcular o MDC de 60, 80 e 100, para dividirmos as fitas em pedaços iguais e com maior comprimento possível.

60,	80,	100	2*
30,	40,	50	2*
15,	20,	25	2
15,	10,	25	2
15,	5,	25	3
5,	5,	25	5*
1,	1,	5	5
1,	1,	1	20

(*) significa que toda a linha (60, 80, 100) foi dividida por 2.

Peça 1: 60/20 = 3 pedaços
Peça 2: 80/20 = 4 pedaços
Peça 3: 100/20 = 5 pedaços

Logo, cada pedaço deverá ter 20 cm de comprimento.

CAPÍTULO 3

Atividades de autoavaliação

1) Resposta: c.

Para efetuarmos a multiplicação de polinômio por polinômio, devemos utilizar a propriedade distributiva.

Assim:

$(x-1) \cdot (x^2 + 2x - 6)$

$x^2 \cdot (x-1) + 2x \cdot (x-1) - 6 \cdot (x-1)$

$(x^3 - x^2) + (2x^2 - 2x) - (6x - 6)$

$x^3 - x^2 + 2x^2 - 2x - 6x + 6$

Reduzindo os termos semelhantes:

$x^3 + x^2 - 8x + 6$

2) Resposta: d.

Temos que $f(x) = p(x)$, em que $f(x) = 5 + 6x + (c + 4)x^2$ e $p(x) = a + bx + 8x^2$, sabendo que $f(x), p(x) \in \mathbb{Z}_4[x]$.

Primeiramente, vamos relembrar quais são os elementos do conjunto $\mathbb{Z}_4$ (0, 1, 2, 3).

Assim, temos:

Coeficiente de x^0:

$f(x) = p(x) \leftrightarrow 5 = a$

Coeficiente de x^1:

$f(x) = p(x) \leftrightarrow 6 = b$ (De acordo com a tábua de multiplicação $\mathbb{Z}_4$.)

$\qquad 2 = b$

Coeficiente de x^2:

$f(x) = p(x) \leftrightarrow c + 4 = 8$ (Somamos o aditivo -4 em ambos os membros.)

$\qquad c + 4 + (-4) = 8 + (-4)$

$\qquad c + 0 = 4$

$\qquad c = 4$

$\qquad c = 0$

Atividades de aprendizagem

Questão para reflexão

1) a. $x^2 + x + 8$ é um trinômio.

b. $x^3 + 6x^2 + x + 8$ é um polinômio.

Sobre os autores

Julio Cesar Cochmanski é graduado em Engenharia Florestal pela Universidade Estadual do Centro Oeste (Unicentro), técnico florestal pelo Centro Estadual Florestal de Educação Profissional Presidente Costa e Silva (Irati – PR), especialista em Georreferenciamento de Imóveis Rurais e Urbanos pela Universidade Tuiuti do Paraná (UTP), especialista em Educação Ambiental pelo Instituto Brasileiro de Pós-Graduação e Extensão (Ibpex) e mestre em Ciências Florestais pela Unicentro, na linha de pesquisa de manejo florestal. Atua no setor florestal e topográfico.

Liliane Cristina de Camargo Cochmanski é graduada em Arquitetura e Urbanismo pela UTP e em Matemática pela Universidade Estadual de Ponta Grossa (UEPG), especialista em Educação Especial pelo Instituto de Estudos Avançados e Pós-Graduação (Esap) e em Psicopedagogia Clínica e Institucional pelo Ibpex e mestre em Engenharia Civil pela Universidade Tecnológica Federal do Paraná (UTFPR), na linha de pesquisa de sustentabilidade. Atualmente, leciona disciplinas relacionadas à área de matemática em cursos de graduação e pós-graduação, na modalidade de ensino a distância, e também atua no setor civil e nas áreas de arquitetura, interiores e urbanismo.

Os papéis utilizados neste livro, certificados por instituições ambientais competentes, são recicláveis, provenientes de fontes renováveis e, portanto, um meio **respons**ável e natural de informação e conhecimento.

FSC
www.fsc.org
MISTO
Papel produzido
a partir de
fontes responsáveis
FSC® C103535

Impressão: Reproset
Abril/2023